Preparación del terreno para la instalación de infraestructuras y plantación de frutales

José Manuel Salazar Navarro

ic editorial

Preparación del terreno para la instalación de infraestructuras y plantación de frutales
© José Manuel Salazar Navarro

1ª Edición

© IC Editorial, 2024

Editado por: IC Editorial
c/ Cueva de Viera, 2, Local 3
Centro Negocios CADI
29200 Antequera (Málaga)
Teléfono: 952 70 60 04
Fax: 952 84 55 03
Correo electrónico: iceditorial@iceditorial.com
Internet: www.iceditorial.com

ISBN: 978-84-1184-362-1
Depósito Legal: MA-2182-2024

Impresión: PODiPrint
Impreso en Andalucía – España

Nota de la editorial: IC Editorial pertenece a Innovación y Cualificación S. L.

Presentación del manual

El **Certificado de Profesionalidad** es el instrumento de acreditación, en el ámbito de la Administración laboral, de las cualificaciones profesionales del Catálogo Nacional de Cualificaciones Profesionales adquiridas a través de procesos formativos o del proceso de reconocimiento de la experiencia laboral y de vías no formales de formación.

El elemento mínimo acreditable es la **Unidad de Competencia.** La suma de las acreditaciones de las unidades de competencia conforma la acreditación de la competencia general.

Una **Unidad de Competencia** se define como una agrupación de tareas productivas específica que realiza el profesional. Las diferentes unidades de competencia de un certificado de profesionalidad conforman la **Competencia General,** definiendo el conjunto de conocimientos y capacidades que permiten el ejercicio de una actividad profesional determinada.

Cada **Unidad de Competencia** lleva asociado un **Módulo Formativo,** donde se describe la formación necesaria para adquirir esa **Unidad de Competencia,** pudiendo dividirse en **Unidades Formativas.**

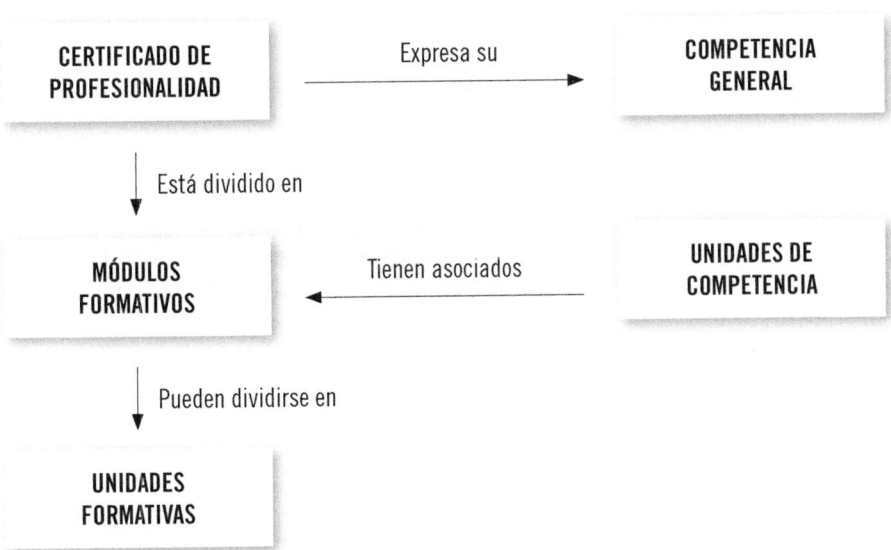

El presente manual desarrolla la Unidad Formativa **UF0010: Preparación del terreno para la instalación de infraestructuras y plantación de frutales,**

pertenece al Módulo Formativo **MF0527_2: Preparación del terreno y plantación de frutales,**

asociado a la unidad de competencia **UC0527_2: Realizar las labores de preparación del terreno y de plantación de frutales,**

del Certificado de Profesionalidad **Fruticultura.**

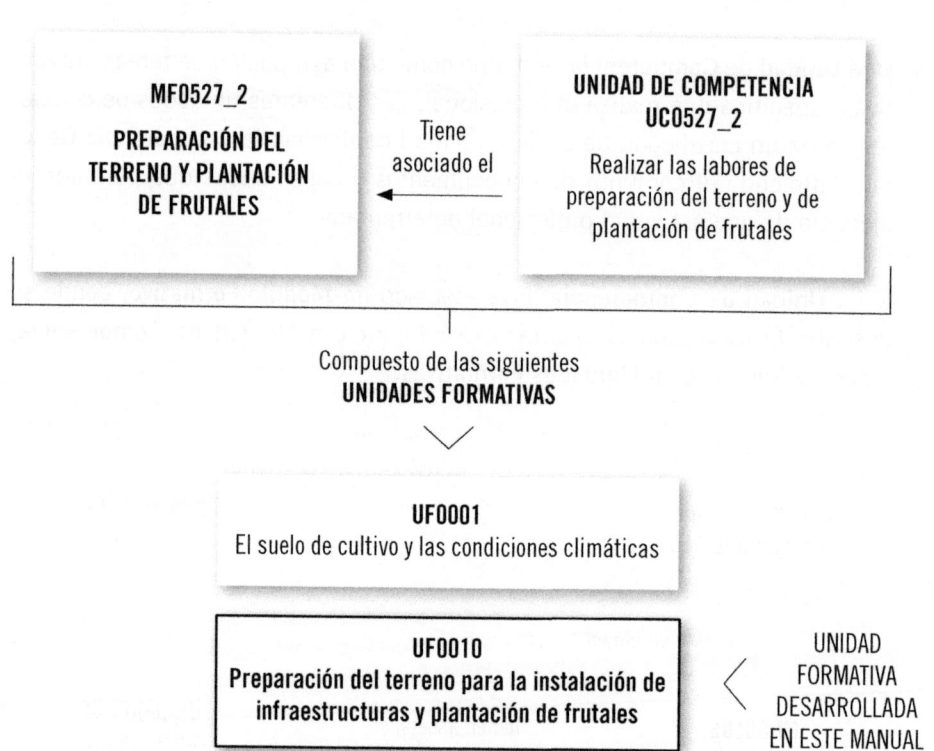

FICHA DE CERTIFICADO DE PROFESIONALIDAD

(AGAF0108) FRUTICULTURA (R. D. 1375/2008, de 1 de Agosto)

COMPETENCIA GENERAL: Realizar las operaciones de instalación, mantenimiento, producción y recolección en una explotación frutícola, controlando la sanidad vegetal, manejando la maquinaria, aplicando criterios de buenas prácticas agrícolas, de rentabilidad económica y cumpliendo con la normativa medioambiental, de control de calidad, seguridad alimentaria y prevención de riesgos laborales vigentes.

Cualificación profesional de referencia		Unidades de competencia	Ocupaciones o puestos de trabajo relacionados:
AGA166_2 FRUTICULTURA (R. D. 1228/2006, de 27 de octubre, BOE de 3 de enero de 2007)	UC0527_2	Realizar las labores de preparación del terreno y de plantación de frutales.	• 6021.011.3 Trabajador agrícola de frutales, en general • 6021.011.3 Fruticultor • 6021.015.7 Trabajador agrícola de cítricos • 6021.016.8 Viticultor • 6021.017.9 Olivicultor • 6021.018.0 Injertador y/o podador • 6021.020.1 Aplicador de plaguicidas
	UC0528_2	Realizar las operaciones de cultivo, recolección, transporte y primer acondicionamiento de la fruta.	
	UC0525_2	Controlar las plagas, enfermedades, malas hierbas y fisiopatías.	
	UC0526_2	Manejar tractores y montar instalaciones agrarias, realizando su mantenimiento.	

Correspondencia con el Catálogo Modular de Formación Profesional

Módulos certificado	Unidades formativas	Horas
MF0527_2: Preparación del terreno y plantación de frutales	UF0001: El suelo de cultivo y las condiciones climáticas	50
	UF0010: Preparación del terreno para la instalación de infraestructuras y plantación de frutales	70
	UF0011: Poda e injerto de frutales	80
MF0528_2: Operaciones culturales y recolección de la fruta	UF0012: Manejo, riego y abonado del suelo	80
	UF0013: Recolección, transporte, almacenamiento y acondicionamiento de la fruta	40
MF0525_2: Control Fitosanitaric	UF0006: Determinación del estado sanitario de las plantas, suelo e instalaciones y elección de los métodos de control	60
	UF0007: Aplicación de métodos de control fitosanitarios en plantas, suelo e instalaciones	60
MF0526_2: Mecanización e instalaciones agrarias	UF0008: Instalaciones, su acondicionamiento, limpieza y desinfección	70
	UF0009: Mantenimiento, preparación y manejo de tractores	50
MP0002: Módulo de prácticas profesionales no laborales		40

Índice

Capítulo 3
**Normativa básica relacionada con la preparacióndel
terreno y la plantación de frutales**

Capítulo 1

Preparación del terreno para la plantación de frutales

Contenido

1. Introducción

El establecimiento de una plantación frutal implica previamente un estudio pormenorizado de las numerosas variables que pueden influir en un correcto diseño de la misma. Una vez tomadas una serie de decisiones y antes de su ejecución, es necesario preparar el terreno mediante algunas labores sencillas de realizar cuando el terreno aún está desnudo, pero son muy complicadas de llevar a cabo una vez que la plantación está establecida. Las labores previas tienen por objeto aumentar las posibilidades de éxito del proyecto y el buen mantenimiento y manejo de la futura explotación.

En esta etapa previa a la propia plantación de los árboles se pueden corregir problemas edafológicos o de topografía del suelo, construir infraestructuras necesarias para el manejo de la plantación, como son el establecimiento de las redes de riego y drenaje, caminos de servicio, protecciones contra el viento, instalaciones eléctricas, cerramientos de la finca, etc. La necesidad de realizar cada una de estas labores dependerá de factores intrínsecos propios de la especie frutal y de factores extrínsecos ligados a variables climáticas, edafológicas, agronómicas y económicas.

2. Limpieza y nivelación del terreno

Antes de llevar a cabo la plantación en el terreno de las plantas, es precisa su preparación previa. Estas preparaciones pueden empezar por una limpieza del suelo de piedras gruesas, malas hierbas, raíces de anteriores cultivos y, en general, todo obstáculo que impida la posterior labor de plantación del suelo.

En algunas ocasiones, el terreno puede presentar una importante cantidad de piedras gruesas que pueden dificultar las labores normales de cultivo. Las piedras pueden ocasionar desgaste de los elementos de los aperos, proyecciones de las mismas, estorbo en la recogida de la cosecha en ciertos frutales, etc.

Importante

Las piedras de poco tamaño pueden ayudar a mejorar la infiltración, reducir la insolación directa de los rayos solares sobre la tierra (efecto *mulching)* e incluso protegen el suelo de la erosión, por lo que bien distribuidas pueden contribuir a un adecuado desarrollo de la plantación.

En el mercado existe maquinaria y aperos que permiten realizar un despedregado que incluye la recogida, carga, arrastrado y transporte a vertedero de las piedras. Otro tipo de máquinas de despedregado en vez de retirarlas, realizan una fragmentación de las mismas.

Otra medida de limpieza puede consistir en un desbroce que ayude a eliminar gran parte de maleza y malas hierbas de cierto tamaño que impiden la visualización correcta del estado, forma y orografía superficial del suelo. Esta labor se puede realizar con máquinas desbrozadoras provistas de un eje con elementos perpendiculares, unidas a un eje que gira impactando con la vegetación.

Nota

La nivelación del suelo requiere un desbroce previo del terreno.

La nivelación del terreno es una operación necesaria para dejar el suelo en unas condiciones ideales para poder ejecutar con garantías las infraestructuras de drenaje, de riego, la propia plantación y realizar de forma homogénea las labores profundas y superficiales del terreno. Con esta actuación en el suelo se consigue un terreno sin ondulaciones y con una pendiente uniforme, pero por otro lado origina una compactación, tanto en las zonas de desmonte como en las de relleno, que se corrige con una labor profunda programada posteriormente.

 **Importante**

El terreno no suele quedar nivelado con un solo pase, ya que tras el asentamiento posterior se vuelven a crear desniveles.

Este trabajo de nivelación se puede realizar de una forma somera a través de una pala frontal cargadora acoplada al tractor agrícola. Para una actuación más perfecta o completaria a la anterior, se debe utilizar una niveladora, (normalmente autopropulsada) que dispone de una hoja o cuchilla de perfil curvado que puede graduarse su altura y dirección.

3. Labores profundas de preparación de suelos: exigencias de los cultivos en la preparación profunda de suelos

Las labores profundas o primarias en la preparación del suelo para una posterior plantación de árboles frutales tienen como objetivo romper las capas del subsuelo compactadas que puedan limitar la exploración y el crecimiento de las raíces. De esta manera se favorece la infiltración del agua (reserva de agua), su drenaje y los intercambios gaseosos en la zona radicular. Esta compactación del suelo puede deberse por la propia estructura del suelo natural o bien por un manejo mecanizado del terreno en cultivos anteriores.

El tipo de suelo donde se vaya a implantar la plantación y las características del mismo que se pretendan corregir, marcarán la necesidad de realizar esta labor profunda y el tipo de apero a utilizar.

Los suelos profundos y de textura homogénea generalmente no requieren un laboreo profundo, siempre que no exista una compactación del suelo por la práctica del laboreo en años anteriores; aun en este caso, la zona compactada suele ser superficial y el laboreo no ha de ser muy profundo.

Nota

La textura hace referencia a la proporción relativa de las clases de tamaño de partículas o fracciones que hay en un volumen determinado de suelo.

Los suelos con un perfil estratificado y con distintas capas de textura muy distintas pueden limitar el crecimiento de las raíces porque se pueden crear condiciones que favorezcan su encharcamiento. Estos suelos se pueden corregir mezclando los distintos perfiles con una labor primaria y siempre que el apero utilizado tenga la profundidad necesaria.

Nota

Cada suelo está constituido por diferentes capas (u horizontes) más o menos distinguibles entre sí por su color, textura, etc. El conjunto de estas capas recibe el nombre de perfil del suelo.

En muchas zonas de España existen suelos que presentan horizontes cementados por cal que resultan impenetrables para las raíces y reducen la profundidad útil del suelo. Estos suelos no son aconsejables para el cultivo de árboles frutales, a menos que la capa cementada sea lo suficientemente superficial y delgada que permita su rotura mediante una labor profunda.

Otros suelos pueden presentar un horizonte con una textura muy arcillosa que actúa como una capa impermeable dificultando la aireación del suelo, la infiltración del agua hacia capas más profundas, y originando problemas de encharcamiento y de crecimiento de las raíces. En este caso, la corrección dependerá de las posibilidades de mezclar esa capa impermeable con el resto del suelo mediante una labor en profundidad.

Antes de tomar decisiones importantes sobre el manejo del suelo, es conveniente estudiar previamente la totalidad del perfil del mismo. El perfil del suelo se puede conocer realizando una calicata (zanja) en un lugar representativo del terreno de plantación. El corte transversal del terreno permite distinguir cada uno de los horizontes y aporta información sobre sus características (espesor, textura, color, contenido de piedras, etc.), que ayudarán a conocer la capacidad de exploración y crecimiento de las raíces. Una vez realizada la calicata conviene coger muestras de suelo representativos de cada horizonte para su posterior análisis en un laboratorio especializado. El análisis debe aportar información sobre propiedades del suelo como son: textura, contenido de materia orgánica, capacidad de intercambio catiónico, pH, nutrientes disponibles, contenido de cal, salinidad y sodio de cambio.

Perfiles o calicatas de un suelo

Nota

El estudio del perfil del suelo mediante calicatas es suficiente hacerlo una vez, ya que atañe a propiedades que, salvo el contenido de nutrientes, apenas se modifican con el tiempo.

Actividades

1. ¿Qué tipos de texturas puede presentar un suelo?
2. ¿Qué es el pH del suelo?

Según los datos obtenidos de la calicata se puede deducir el tipo de laboreo profundo o primario necesario para mejorar la estructura del suelo y el futuro desarrollo de la plantación de frutales. Este tipo de labor se puede realizar por medio de distintos aperos, en función de la profundidad de la labor y efectos sobre el terreno que se quieran dar a través de esta operación.

Por ejemplo, si se pretende mullir el terreno a mayor profundidad sin inversión de las capas del suelo, se recomienda utilizar un tipo concreto de apero. Si por el contrario, se necesitan mezclar horizontes de textura diferente, existen aperos que voltean el terreno y lo mullen, pero la profundidad de trabajo será menor. Para poder realizar cualquier labor profunda se debe tener en cuenta también la maquinaria de la que se dispone, concretamente, si posee la potencia necesaria para efectuar dicha labor.

Otro aspecto importante a tener en cuenta antes de realizar cualquier tipo de labor al terreno de plantación es el estado de consistencia del mismo.

 Definición

Mullir
Consiste en disgregar el suelo creando agregados y tierra fina, para aumentar la penetración de aire y agua a las capas más profundas, y mejorar el desarrollo radicular.

Consistencia del suelo
Es la firmeza con la que se unen los materiales que lo componen o la resistencia de los suelos a la deformación y la ruptura.

En la mayoría de los suelos se pueden diferenciar cuatro formas principales de consistencia: sólida o rígida que se caracteriza por tener una gran dureza; friable cuando el suelo se puede desmenuzar fácilmente; plástico o fácilmente moldeable si admite deformaciones permanentes; y por último, el estado líquido que se caracteriza por ser una masa fluida.

Tipos de consistencia del suelo

	Seco	Húmedo	Mojado	
Formas de consistencia	Duro y rígido	Blando Friable	Resistente Plástico Pegajoso	Viscoso Pegajoso
	Terrones	Óptimas condiciones	Enlodamiento	Fluido

Aumenta el contenido de humedad →

 Importante

El estado más favorable para la labranza del suelo es el estado friable, también conocido como "estado de tempero".

3.1. Tipos y regulaciones de subsoladores, arados y gradas. Funciones, misión y labores específicas de subsoladores, arados y gradas

Una labor profunda o primaria del terreno requiere la utilización de aperos de gran robustez; cuanto mayores son las profundidades de trabajo de los mismos, mayor demanda de potencia de tracción necesitan y, por tanto, también se incrementa el consumo de combustible. No obstante, su utilización está justificada por emplearse una sola vez antes de efectuar la plantación de los frutales.

Dentro de la variedad de aperos para realizar el laboreo primario, pueden establecerse dos grupos, los que realizan un cierto volteo del terreno como los arados de vertedera y de discos, y los aperos que remueven el suelo sin apenas originar inversión del terreno como el subsolador y el cultivador chisel.

Subsolado: funciones, misión y labores específicas

Los subsoladores originan una rotura y resquebrajamiento del suelo en profundidad sin volteo, que hace que se remueva, se levante el suelo y se formen grandes terrones en superficie, mientras que los agregados de menor tamaño y tierra fina se sitúan en las capas profundas. La labor de subsolado se recomienda que se efectúe con el suelo ligeramente seco para conseguir el efecto deseado.

Estos aperos están constituidos por uno o varios brazos de material pesado y resistente que se unen a una estructura o bastidor. Los brazos pueden ser rectos u oblicuos, en su parte inferior poseen una reja de forma rectangular o trapecial de acero resistente al desgaste y con una ligera inclinación respecto a la horizontal. Además pueden incorporar un sistema que permita movimiento vibratorio del apero para facilitar la rotura del terreno.

Este apero permite trabajar a grandes profundidades (40 a 60 cm) y se utiliza fundamentalmente para aumentar la porosidad del subsuelo y la capacidad de desarrollo de las raíces de los frutales. Asimismo, con la fragmentación del terreno se mejora la infiltración del agua hacia zonas más profundas (drenaje).

El subsolado se recomienda para realizar el pase cruzado previo a una plantación frutal, mejorar el drenaje del suelo en zonas fácilmente inundables, como etapa previa para el despedregado de la plantación, extracción de tocones (destoconado), para romper la "suela de labor" y descompactar el suelo por el paso de tractores y maquinaria para la recolección.

Arado subsolador de tres brazos

 **Definición**

Suela de labor
Capa compacta que limita el crecimiento de las raíces y reducción de la infiltración del suelo.

Tipos y regulaciones de subsoladores

En función de la forma de los brazos existen subsoladores de brazos rectos o de brazos curvados. Los primeros alcanzan una mayor profundidad de subsolado, son los más utilizados y se caracterizan porque los brazos están ligeramente inclinados hacia delante, y en su extremo se localiza la reja de sección rectangular y plana que absorbe la mayor resistencia del suelo, así como los impactos de las piedras. Los de brazo

curvado alcanzan menores profundidades, 40-45 cm, y la anchura entre
los brazos es menor.

Entre los subsoladores con vibración se pueden distinguir, según el sistema utilizado para generar el movimiento vibratorio, entre subsoladores de brazo alternativo que es producido por masas excéntricas que provocan la oscilación del brazo y los subsoladores de reja accionada que mediante un mecanismo biela-manivela originan su vibración. Ambos tipos de subsoladores funcionan acoplados a la toma de fuerza del tractor (t. d. f.).

 **Definición**

Toma de fuerza del tractor (t. d. f.)
La toma de fuerza transmite la potencia a máquinas acopladas al propio tractor para su accionamiento.

En cuanto a su regulación, algunos subsoladores permiten reducir el número de brazos para adaptarse a la potencia del tractor o las características de la labor. En este caso es importante que el apero trabaje equilibradamente. Al acoplar un subsolador a un tractor se debe distribuir o lastrar adecuadamente el peso del tractor para favorecer la tracción del mismo, y en el caso de subsoladores con sistema de vibración, es conveniente dejar los tensores laterales ligeramente sueltos para que no se transmitan vibraciones al tractor.

La profundidad de estos aperos se puede graduar con las ruedas y, si van acopladas al tractor, mediante la palanca del dispositivo de control de carga y profundidad del elevador hidráulico.

Nota

Si se pretende reducir los brazos de un subsolador de cinco brazos a tres se recomienda quitar los de los extremos, o el segundo y el cuarto.

 Actividades

3. Buscar información sobre Agricultura de Conservación, en qué consiste, sus objetivos y técnicas recomendadas.
4. ¿Existe un apero de vertedera tipo "topo"? Buscar información.
5. ¿El subsolador es uno de los aperos que más potencia requiere del tractor?

Arado con vertedera: funciones, misión y labores específicas

El arado de vertedera realiza un corte vertical y horizontal de una capa de suelo, de sección rectangular, mediante la cuchilla y la reja respectivamente, produciéndose posteriormente su ascensión y volteo lateral por la acción de la vertedera. Da lugar a una inversión de una capa de hasta 40 cm y la disgregación de la misma, provocando un incremento de la porosidad del suelo, aumento de la capacidad de almacenamiento del agua y enterrado de restos vegetales y abono, en caso necesario.

El arado de vertedera es uno de los aperos más utilizados para efectuar la preparación profunda de los terrenos previos a las plantaciones, aunque también uno de las causantes de la existencia de la "suela de labor", ya que el fondo o solera de la labor queda horizontal. Si el suelo presenta una consistencia plástica, el efecto de la "suela de labor" se acentúa.

Arado de vertedera acoplado al tractor

Tipos y regulaciones de los arados de vertedera

Los principales elementos de trabajo de estos aperos son la reja que corta el suelo horizontalmente, la vertedera que eleva, voltea y desmorona la capa de terreno, y la cuchilla que corta el terreno verticalmente. En función de la forma de la vertedera se pueden encontar varios tipos: cilíndricas, helicoidales o alabeadas, universales y discontínuas o de rejilla.

 Nota

La cuchilla de los arados de vertedera puede ser recta o circular, siendo esta última más usual.

Las vertederas cilíndricas son cortas, desmenuzan mejor el terreno y dan lugar a una labor llana y uniforme en toda la plantación. Se utilizan con velocidades de trabajo más bajas y en labores profundas.

Las vertederas helicoidales o alabeadas son de mayor longitud y producen una inversión de la tierra sin apenas desmenuzamiento. Se emplean en labores más superficiales, para enterrado de restos vegetales, pudiendo trabajar a mayores velocidades de trabajo. Las vertederas universales tienen unas características de empleo intermedias a las anteriores.

Por último, las vertederas discontinuas se recomiendan en suelos arcillosos y húmedos, ya que al tener menor superficie en contacto con el suelo, originan una menor resistencia al trabajo del apero.

Los arados de vertedera suelen ir suspendidos (acople a los tres puntos) al tractor. En el caso de arados de vertedera muy grandes suelen ser arrastrados por el tractor (acople a la barra de tiro del tractor). En este caso, una rueda permiten la regulación de la profundidad de trabajo.

 Sabía que...

Los aperos de labranza se pueden clasificar en función del sistema de acoplamiento al tractor en arrastrados (enganche a la barra de tiro o con un punto de enganche), suspendidos (enganche en tres puntos a través del elevador hidráulico) y semisuspendidos (iguales que los suspendidos, pero con apoyo sobre una rueda trasera).

Estos aperos normalmente permiten que la parte delantera del arado trabaje a mayor profundidad que la trasera o al contrario, mediante un dispositivo localizado en cada cuerpo de arado. Otro elemento susceptible de regulación es la cuchilla de la vertedera que realiza el corte vertical, que permite variar su posición lateralmente, longitudinalmente y en profundidad.

Importante

El arado de vertedera es sin duda el apero que más atención necesita a la hora de regularlo correctamente. Una regulación incorrecta causa una labor irregular, un mayor desgaste de sus elementos y de consumo de combustible.

Al utilizar este apero también es conveniente prestar atención a la presión de los neumáticos del tractor, así como a la separación entre los flancos interiores de las ruedas traseras. A mayor número de cuerpos del arado, mayor debe ser dicha separación.

Gradeo pesado (gradas): arados de disco y chisel. Funciones, misión y labores específicas

Los arados de disco están constituidos por un conjunto de discos metálicos en forma de casquete esférico que giran alrededor de su eje, situado sobre un brazo unido al bastidor. Cada disco corta una capa de suelo que se eleva por la cara interna del casquete, acompañándolo en su movimiento. Al alcanzar cierta altura, una rasqueta desvía su trayectoria obligándole a caer al fondo del surco, produciéndose el volteo y desmenuzamiento de la tierra. Con este apero, los terrones más grandes se quedan en el fondo.

En general, se emplean en labores de preparación profunda (20-25 cm) de plantaciones preparatorias y concretamente cuando el terreno está seco y duro, con numerosas piedras e incluso raíces, al encontrar un suelo pesado y adherente que dificulta su labor.

Grada de discos

El chisel es un arado escarificador que al igual que los subsoladores producen una rotura y resquebrajamiento del suelo con movimiento vertical del mismo, aunque son más ligeros y trabajan a menor profundidad. Junto a los subsoladores se les denomina aperos para labranza vertical. Se emplean en labores preparatorias del terreno para la siembra o plantación y constituye una alternativa frente a los arados de vertedera o de disco. Su profundidad de trabajo está alrededor de los 20 cm.

 Nota

El chisel se recomienda utilizarlo con el suelo en estado de tempero, ya que sus brazos son menos robustos para trabajar en seco que los de otros aperos.

Su estructura consiste en un bastidor ensamblado por barras longitudinales soldadas a otras transversales que sujetan los brazos. Estos brazos se caracterizan por ser curvos y porque en el extremo de cada brazo se localiza una reja responsable del corte del suelo.

Arado chisel con brazos articulados

 ## Aplicación práctica

Suponga que usted es un técnico de una empresa de servicios agrícolas y un agricultor le realiza dos preguntas:

1. ¿Qué apero entre un arado chisel o uno de discos me recomienda usted utilizar para una preparación profunda si el terreno es muy pedregoso y contiene numerosas raíces de malas hierbas?
2. Después de una lluvia copiosa de invierno que ha producido un ligero encharcamiento, ¿cuándo me recomienda realizar una labor profunda, 10 h después o dos o tres días después de haber llovido?

SOLUCIÓN

1. Le recomiendo usar el arado de discos por su gran contenido de piedras y raíces, ya que el disco rueda sobre el obstáculo en lugar de engancharlo por la punta de la reja, como ocurre en un arado de vertedera.
2. Le aconsejo labrar dos o tres días después de llover, cuando usted aprecie que el suelo puede desmenuzarlo con facilidad y no se deja moldear.

Tipos y regulaciones de los arados de discos

Existe poca variabilidad entre arados de discos, lo cual hace que no exista una clasificación de estos aperos. Únicamente pueden variar el borde de los discos: con biselado exterior, interior o escotado. En relación a su regulación, permiten la modificación del ángulo de corte, ángulo de inclinación del disco, profundidad, anchura e inclinación horizontal respecto al bastidor del apero.

Si se modifica el ángulo de corte también cambia la anchura de trabajo. El ángulo de ataque o de corte es la inclinación del disco con respecto a la dirección de avance, y puede variar entre 42 y 47° (ángulos mayores incrementan la resistencia para mover el apero) actuando sobre el brazo soporte del disco. El ángulo de entrada o inclinación del disco con relación al suelo puede modificarse entre un rango de 10 a 20°, y se modifica alterando la inclinación del soporte del disco con relación al brazo. Al incrementar el ángulo de entrada, el disco rompe mejor los suelos adherentes y pesados, y al contrario, se produce una mayor fuerza sobre el suelo, desmenuzando y cortando con mayor efectividad el terreno.

Tipos de consistencia del suelo

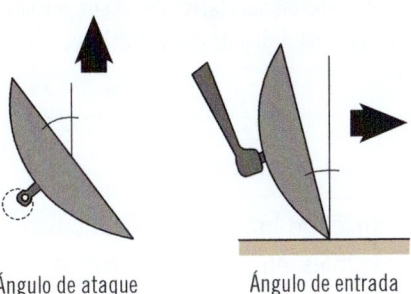

Ángulo de ataque   Ángulo de entrada

 Nota

La anchura de trabajo de los arados de discos se puede cambiar añadiendo o quitando discos.

En arados de disco arrastrados, la profundidad de trabajo y la inclinación horizontal con relación a la rueda trasera soporte se pueden variar. En el caso de los semisuspendidos o suspendidos la altura de la barra del enganche se regula por el sistema hidráulico del tractor, así como la altura del bastidor con respecto a la rueda trasera del arado.

Tipos y regulaciones del chisel

Los principales elementos de los arados chisel son los brazos y las rejas. Los distintos tipos de chisel se basan en las características de los brazos, concretamente si estos son rígidos o flexibles.

 Nota

Existen tres tipos de rejas: estrecha para trabajar en profundidad, retorcida que mejora ligeramente el enterrado de restos vegetales y de cola de golondrina indicada especialmente para terrenos con una gran cantidad de malas hierbas.

Los arados chisel de brazos rígidos trabajan a mayor profundidad que los de brazos flexibles en terrenos duros. Además, el ángulo de ataque (20°) es inferior, lo que se traduce en un menor esfuerzo de tracción, aunque se incrementa la dificultad de penetración en el suelo por parte del arado.

La mayoría de los brazos actualmente presentan muelles en su parte superior que originan cierta vibración que ayuda a desmenuzar mejor los terrones. Los arados chisel de brazos rígidos flexibles tienen un mayor efecto de disgregación del suelo, al desplazarse vibrando, y de enterrado de restos vegetales.

Actividades

6. Hacer un esquema de los distintos tipos de aperos que se han estudiado, cuya función es realizar una labor profunda del terreno.

4. Labores superficiales de preparación de suelos: exigencias de los cultivos en la preparación superficial de suelos

Las labores superficiales, a veces llamadas labores secundarias, en la preparación del suelo para la plantación de los frutales, complementan la acción de las labores profundas, y en años sucesivos normalmente son las únicas que se realizan entre las calles de frutales. Esta labor alcanza alrededor de los 15 cm de profundidad y entre sus finalidades se encuentran la fragmentación de los terrones originados por la labor primaria, descompactación, aireación del terreno, control de las malas hierbas e incluso la incorporación y mezcla del abono con el suelo.

Importante

La práctica del laboreo presenta ciertos inconvenientes como producir pérdida de suelo por erosión y con esta la pérdida de fertilidad. También, el paso repetido de los tractores y máquinas sobre el terreno produce compactación.

4.1. Tipos y regulaciones de gradas, cultivadores y aperos similares. Funciones, misión y labores específicas de gradas, cultivadores y aperos similares

Una labor superficial o secundaria del terreno requiere la utilización de aperos de menor robustez y, al trabajar a menor profundidad, su demanda de potencia disminuye, al igual que el consumo de combustible con respecto a los aperos utilizados en labores profundas. Estos aperos se utilizarán normalmente todos los años, al menos una vez.

Existe mayor diversidad de aperos para realizar las labores secundarias que para las primarias. Por ejemplo, con la finalidad de crear una capa desmenuzada y fina en la superficie del terreno se pueden utilizar gradas de discos, gradas de púas y gradas rodantes de estrellas o paletas, cultivadores, vibrocultores y rotocultores.

Gradas: funciones, misión, labores específicas y tipos

Bajo esta denominación existen distintos aperos que se utilizan fundamentalmente en labores superficiales como son las gradas de discos, gradas de púas y gradas rodantes de estrellas o paletas.

Gradas de discos

Las gradas de discos se emplean para fragmentar los terrones tras la labor profunda, corte y enterrado de malas hierbas o rastrojo. Trabajan a una profundidad de unos 15 cm y gracias al efecto de la rotación de los discos, la tierra se remueve homogéneamente con los restos vegetales existentes.

Estos aperos, al igual que los arados de discos, se componen de discos con forma de casquete esférico y borde liso o acanalado dispuestos en dos o cuatro ejes o cuerpos horizontales. Cada eje o cuerpo puede llevar aproximadamente unos 10 discos en paralelo, girando sobre él al desplazarse por el terreno. Según la disposición y número de ejes o cuerpos existen: gradas simples, dobles (en tándem) o excéntricas.

 **Nota**

La utilización en exceso de las gradas de discos o su empleo en condiciones del suelo semiplásticas pueden originar suela de labor.

Las gradas simples están compuestas por dos cuerpos de discos dispuestos en "V" con el mismo ancho de trabajo y montados en sentido inverso. Las gradas dobles o en tándem se componen de cuatro cuerpos dispuestos en "X" y las excéntricas de dos ejes, uno detrás del otro, que forman un ángulo agudo.

Tipos de grados de discos

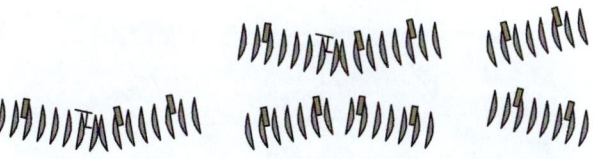

Grada simple   Grada doble   Grada excéntrica

Gradas de discos tipo excéntrica

Gradas de púas

Las gradas de púas se emplean especialmente para mullir superficialmente el suelo, destruir la costra superficial a una profundidad no superior
a los 6 u 8 cm, y desenterrar malas hierbas. Este apero produce la fragmentación de terrones mediante los múltiples dientes o púas, de sección
circular o cuadrada de 15 a 25 cm de longitud y perpendiculares al suelo,
que están acoplados a un bastidor.

Una variante de este tipo de apero son las gradas de púas móviles u
oscilantes que se caracterizan por ser aperos que se acoplan a la toma de
fuerza, y por el movimiento transversal y alternativo de las púas asociado
al avance del tractor.

Gradas de púas

Gradas rodantes

Las gradas rodantes se utilizan posteriormente a las labores primarias
para romper los terrones e incorporar restos vegetales a una profundidad
de trabajo que oscila entre 8 a 12 cm.

En este tipo de apero, el bastidor sustenta dos o tres ejes horizontales
en los que se disponen piezas cortantes que se arrastran sobre el suelo al
avanzar el tractor. Dichas piezas cortantes definen los dos tipos de gradas
rodantes que se pueden encontrar: en estrella o de paletas.

Grada rodante en estrella

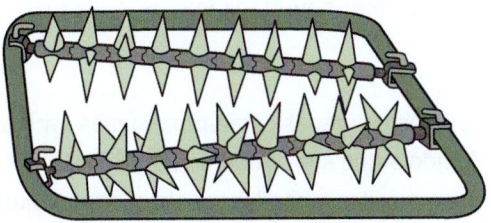

Regulaciones de las gradas

Las gradas de discos permiten regular algunos de sus elementos para su adaptación al terreno y a la labor requerida. Por ejemplo, la distancia entre los discos se puede variar unos 7 cm y la profundidad de trabajo de los mismos se modifica en función del ángulo de corte. A diferencia del arado de discos, en estos aperos el ángulo de inclinación es fijo o nulo. Si en algún momento no se quiere realizar la labor, los discos pueden ponerse en paralelo al sentido de avance del tractor, de forma que rueden sobre el suelo sin profundizar.

 Nota

El ángulo de corte se puede regular de forma que si se incrementa, mayor es la profundidad de trabajo. Se recomienda que oscile entre 20 a 25°.

 Sabía que...

Las gradas de discos incorporan una serie de rasquetas cuya misión es evitar que la tierra se quede adherida a los discos, en terrenos adherentes.

Las rasquetas normalmente van unidas a una barra regulable que se puede alejar o acercar simultáneamente a los ejes donde se localizan los discos.

Los otros tipos de gradas están mucho más limitadas a la hora de su regulación, debido a que sus elementos de trabajo son fijos. Únicamente las gradas de púas móviles u oscilantes al ser aperos que se acoplan a la toma de fuerza y que los movimientos de sus elementos de trabajo se asocian con el avance del tractor, se pueden regular en función de la velocidad y potencia transmitida a la toma de fuerza.

Cultivadores: funciones, misión, labores específicas y tipos

Los cultivadores son aperos que pueden utilizarse para romper la capa superficial del terreno, fragmentación de terrones, eliminación de malas hierbas e incorporación de abonos minerales al terreno. El apero produce la rotura y elevación del suelo a su paso, a la misma vez que proyecta lateralmente los terrones.

 Nota

En general, la profundidad de trabajo de los aperos denominados cultivadores oscila entre 10 a 15 cm.

Su estructura consiste en un bastidor constituido por barras longitudinales soldadas a otras transversales que sujetan los brazos y, estos en su extremo, llevan la reja. Las diferentes formas que pueden adoptar las rejas definen los distintos tipos de este apero.

Las rejas pueden adoptar diversas formas en función del efecto que se pretenda dar sobre el terreno. Las principales rejas de un cultivador son:

- Rejas estrechas y cortantes para airear los suelos.
- Escarificadoras que son las más utilizadas y permiten trabajar a una profundidad de 12 a 15 cm.
- Cavadoras indicadas en terrenos húmedos y arcillosos.
- Retorcidas que son iguales de tamaño que las rejas escarificadoras, pero de superficie ligeramente alabeada indicadas para enterrado de restos vegetales.
- Aporcadoras para la formación de caballones y que son las más anchas.
- Extirpadoras o de cola de golondrina específicas para extraer las malas hierbas de raíz.

Tipos de rejas

Regeneradora de praderas   Escarificadora   Cavadora   Retorcida   Acaballanadora   Extirpadora de cola de golondrina

Cultivador con reja tipo golondrina

Respecto a las condiciones de utilización, requieren suelos en tempero para lograr una disgregación eficaz del suelo. En condiciones de suelo duro se forman grandes terrones.

Importante

Se recomienda realizar el arado con este apero con el suelo en estado de tempero para conseguir un buen mullido del terreno. En el caso de suelos secos y duros se producirían grandes terrones.

Regulaciones de los cultivadores

Los cultivadores suelen ser aperos con escaso margen de regulación. No obstante, permiten regular la profundidad, mediante ruedas transportadoras si son arrastradas o por el sistema hidraúlico si son suspendidas, la anchura entre los brazos a lo largo de las barras transversales que los sustentan y números de brazos del apero. Para otros casos en los que se requieran otras características de estos aperos, se puede optar por elegir entre los distintos aperos comerciales.

Importante

Dentro de cada tipo de apero existen a su vez una nomenclatura comercial que los clasifica en aperos ligeros y pesados. Las diferentes variables en las que difieren básicamente unos y otros son la potencia necesaria del tractor, capacidad de suelo trabajado por hora, peso por metro lineal, consumo, anchura de trabajo, número de líneas de brazos, etc.

Aperos similares (vibrocultores y rotocultores): funciones, misión, labores específicas y tipos

Los vibrocultores se emplean para fragmentar los terrones tras una labor profunda e incorporar abono mineral al terreno. Trabajan a una profundidad máxima entre 12 y 15 cm, y gracias al efecto de aplastamiento y choque de los terrones, se ordenan los agregados del suelo y se queda una capa de tierra fina en la superficie.

 Nota

Para conseguir el efecto de aplastamiento y choque de los terrones por el cual se ordenan los agregados del suelo, interesa que la velocidad de trabajo sea relativamente alta.

Estos aperos se componen de un bastidor con barras transversales donde se acoplan directamente brazos flexibles en forma de "S" con la capacidad de vibrar, tanto en sentido longitudinal como transversal.

En el extremo de los brazos se localizan las rejas que pueden ser de distintos modelos, aunque la más usual es la tipo escarificadora.

 Nota

Se recomienda utilizar estos aperos cuando la consistencia del suelo sea friable, en estado de tempero, es decir, cuando el suelo se puede desmenuzar fácilmente. En suelos secos apenas causan efecto y si el suelo presenta una mayor humedad origina terrones.

Nota

Existen otras clases de rejas denominadas anchas y que son específicas para suelos de consistencia dura, y otras llamadas dobles que consisten en dos rejas estrechas separadas entre sí unos 15 cm.

Algunos modelos de vibrocultivadores presentan la posibilidad de modificar el ángulo de inclinación de los brazos, con lo que se permiten regular su profundidad de trabajo y el nivel de desmenuzamiento del terreno. Se completa mediante la incorporación de rodillos jaula situados en la parte posterior del apero que disgregan los terrones superficiales, aprietan y nivelan la superficie del suelo.

Vibrocultor con brazos flexibles en forma de "S"

Los rotocultores de eje horizontal o fresadoras se emplean posteriormente a una labor profunda para el mullido del terreno y desmenuzamiento de terrones, además de para el control de las malas hierbas. Estos aperos se caracterizan por llevar cuchillas o azadas incorporadas a un eje horizontal que gira por medio de la toma de fuerza del tractor y producen una rotura del suelo en partículas de distintos tamaños por la acción de corte de las cuchillas y el impacto posterior contra una placa deflectora localizada detrás del apero.

Rotocultor de eje horizontal o fresadora

Nota

El empleo frecuente de los rotocultores de eje horizontal o fresadorasa a la misma profundidad puede originar la formación de una capa endurecida o "suela de labor" que dificulta el desarrollo radicular.

Sabía que...

Existen fresadoras de cuchillas rectas y formones que constituyen una variante de las fresadoras clásicas. Las azadas se sustituyen por una serie de cuchillas o formones (sección cuadrada o redonda) montados por parejas sobre unos soportes perpendiculares al eje de giro.

Nota

El grado de disgregación del terreno depende del número de veces que las azadas corten
el suelo por metro de longitud recorrida por la máquina.

Estas máquinas permiten regular la profundidad de trabajo entre 12 a
15 cm mediante un sistema que acerca o separa el eje de las azadas con relación al suelo y la velocidad del eje. Por medio de una caja de cambios que
varía el régimen de la toma de fuerza también se puede modificar la velocidad
de giro del eje.

Importante

Las fresadoras permiten incluso regular el grado de disgregación del terreno. Si se pretende
realizar una pulverización fina, el eje debe girar a su máxima velocidad, el tractor avanzar
lentamente y la placa deflectora localizada detrás del apero estar bajada. Si se busca el
efecto contrario, la velocidad del rotor debe ser mínima, el tractor ir a mayor velocidad y la
placa deflectora debe ir levantada.

A continuación, se presenta una tabla donde se detalla la clasificación de
los aperos según tipo de labor y profundidad de trabajo.

Tipo de labor	Profundidad (cm)	Apero
Profunda	40 - 60	Subsolador
	40	Arado de vertedera
	20-25	Arado de discos
	20	Chisel
Superficial	15	Gradas de discos
	6 - 8	Gradas de púas
	8 - 12	Gradas rodantes
	12-15	Cultivadores
	12 - 15	Vibrocultores
	12 - 15	Fresadoras

4.2. Gradeo

El gradeo consiste en allanar el terreno y desmenuzar los pequeños terrones que puedan quedar tras una labor superficial. Esta acción se realiza normalmente con aperos constituidos por cilindros o rulos que giran sobre un eje perpendicular al avance. Estos aperos trabajan una anchura aproximada de 2 a 3 m, siendo su diámetro entre 40 y 80 cm.

Gracias a este cilindro que puede ser de distinta forma (liso, con discos acanalados o helicoidales, con superficie rugosa, etc.) se produce la rotura de los pequeños agregados superficiales y se compacta la superficie, reduciendo el volumen de huecos por su peso. De esta forma se consigue uniformar el terreno, después de una labor de preparación del mismo.

4.3. Pases de cultivador

Hoy en día, debido al incremento de los costes de las explotaciones, junto a los descensos de los precios de los productos agrícolas, el agricultor miminiza los pases con los aperos. No obstante, si se dispone en la finca de un apero como el cultivador, a lo largo del año se realizan varios pases con este apero para la realización de tareas como la preparación del suelo, eliminación de malas hierbas, enterrado y mezcla de abonos, al igual que de restos de poda, rotura del suelo para mejorar la infiltración del agua, etc.

En cada una de las tareas, pero principalmente en la preparación del suelo, es necesario efectuar al menos dos pases de cultivador, cada uno en sentido contrario, de forma que los pocos centímetros de terreno a los que trabaja el apero queden uniformes. Una vez realizada la plantación, y si se pretente romper la capa superficial, se deben realizar más de dos pases para fragmentar los terrones grandes que se originan en los primeros pases.

4.4. Pases con vibrocultor y rotocultor

El vibrocultor como el rotocultor son aperos que pueden sustituir perfectamente a los cultivadores por tener la misma finalidad. En el caso de los vibrocultores más aún, ya que se diferencian con los cultivadores en disponer de brazos flexibles en forma de "S" con capacidad de vibrar, tanto en sentido longitudinal como transversal. Esta vibración permite reducir el número de pases necesarios para efectuar una preparación del terreno óptima, puesto que en el primer pase los terrones formados son de menor tamaño.

La forma de trabajar de los rotocultores también reducen los pases para la preparación del suelo. Debido a la posible regulación de la velocidad del eje donde van acopladas las azadas, junto a la velocidad del propio tractor que arrastra al apero, se puede conseguir una buena preparación del terreno en una sola pasada.

5. Preparación, regulación y mantenimiento de la maquinaria y aperos empleados en las labores de adecuación del terreno

La revisión de la maquinaria y aperos antes, durante y después en los trabajos de adecuación del terreno garantiza en gran medida su éxito. Las labores profundas especialmente requieren que tanto el tractor como los aperos estén debidamente preparados para ello. En primer lugar, se debe comprobar si la potencia que posee el tractor es suficiente, si la presión de los neumáticos es la correcta, ya que juega un papel importante en esta labor, si los pesos del sistema tractor-apero están equilibrados para favorecer la tracción del tractor, si la conexión tractor-apero está bien establecida, etc.

Los aperos empleados en las labores de preparación del suelo necesitan de una cierta vigilancia de todos sus elementos, ya que es una maquinaria sometida a vibraciones, impactos de piedras y a sobrecargas para romper el suelo. Por ello, es necesario revisar los elementos que están en contacto directo con el suelo (rejas, púas, dientes, discos, etc.), su conexión a los brazos y al bastidor.

Importante

La mayoría de los aperos permiten el recambio y la sustitución de los elementos responsables de romper el suelo como son las rejas, púas, dientes, discos, etc.

Al terminar de utilizar un equipo de preparación del suelo, conviene revisarla y protegerla de las inclemencias del tiempo, situándolas bajo techado, para reducir su deterioro por las inclemencias del tiempo.

La operación de mantenimiento debe conllevar la revisión y calibrado de los dispositivos de los aperos para detectar y corregir posibles irregularidades a la hora de llevar a cabo la distribución de los fertilizantes. Realizar el engrasado de los mecanismos, proteger con pintura o con aceites anticorrosivos las partes metálicas, ayudan también a mantener en buenas condiciones de trabajo la maquinaria.

6. Aplicación del abonado de fondo y enmiendas

La aplicación del abonado de fondo y enmiendas debe ser una tarea complementaria a la preparación del suelo, ya que en muchas ocasiones son operaciones que se llevan a cabo a la misma vez que las labores primarias o secundarias del terreno.

Con esta operación se trata de corregir posibles deficiencias reflejadas de un estudio previo del suelo y aportar nutrientes suficientes para el desarrollo inicial de los frutales durante los primeros años de vida de la plantación.

Importante

Se llama abonado de fondo cuando los fertilizantes se añaden al terreno antes de la plantación de los frutales, mientras que el abonado de cobertera hace referencia a la fertilización que se realiza cuando el cultivo está establecido.

La aplicación de fertilizantes minerales no tiene mucho sentido incorporarlos cuando aún no está establecida la planta, ya que la mayor parte se perdería en profundidad con el agua de lluvia y por no tener las raíces un desarrollo suficiente. Es más razonable optar por fertilizantes orgánicos que aportan nutrientes a largo plazo y en menor cantidad, pero mejoran las propiedades físico-químicas de los suelos y su actividad biológica.

Definición

Fertilizante mineral
Producto obtenido mediante extracción o por procedimientos industriales de carácter físico o químico, cuyos nutrientes declarados se presentan en forma mineral. Los fertilizantes minerales aportan la mayor parte de los nutrientes que la planta precisa y de forma casi inmediata.

Fertilizante orgánico
Productos que proceden de materiales carbonados de origen animal, vegetal o mezcla de ambos que ayudan a incrementar el contenido de nutrientes y materia orgánica en el suelo.

La normativa española sobre productos fertilizantes clasifica los fertilizantes orgánicos en abonos orgánicos, órgano-minerales y enmiendas orgánicas, englobados bajo la denominación de productos fertilizantes orgánicos "comerciales". Los abonos orgánicos y órgano-minerales son productos cuya función principal es aportar nutrientes para las plantas, mientras que la misión principal para las enmiendas orgánicas es la de aportar materia orgánica al suelo.

 Nota

Los abonos órgano-minerales también tienen como función principal la de aportar nutrientes que proceden de productos orgánicos y minerales. Se obtienen por mezcla o combinación química de abonos inorgánicos con abonos orgánicos, y en algunos casos, con turba, lignito o leonardita.

 Nota

El contenido en nitrógeno orgánico de los abonos orgánicos no debe ser inferior al 85 % del nitrógeno total, excepto el tipo NPK de origen animal cuyo límite se establece en un 50 %. En su fabricación, no se permite la incorporación de micronutrientes en forma mineral.

En relación a las enmiendas, su uso está justificado por los efectos beneficiosos de la materia orgánica sobre el suelo: mejora la estructura del suelo incrementando la capacidad de retención de agua, su permeabilidad y aireación; junto a la arcilla es parte integrante del complejo arcilloso-húmico, vital para que las plantas puedan absorber los nutrientes del suelo; es fuente de alimento de los microorganismos del suelo que la descomponen y la transforman en nutrientes asimilables para las plantas.

Definición

Complejo arcillo-húmico

La arcilla del suelo y partículas de humus forman un complejo arcillo-húmico que facilita la retención del agua y de las sustancias nutritivas. El humus es la sustancia que procede de la descomposición de los restos orgánicos por microorganismos del suelo (bacterias y hongos).

La materia orgánica de las enmiendas orgánicas procede principalmente de residuos de explotaciones ganaderas y agrarias. Estos subproductos son: estiércol, purín y residuos de cosechas.

El estiércol se define como todo excremento u orina de animales de granja o aves, con o sin cama, y que puede estar transformado en mayor o menor medida, o incluso sin transformar. Según su definición, el estiércol puede estar compuesto únicamente por excrementos animales o por mezcla de estos con material vegetal de la cama. En general, la ausencia de agua de lavado del establo junto al material vegetal de la cama determina la diferencia entre estiércol sólido y líquido.

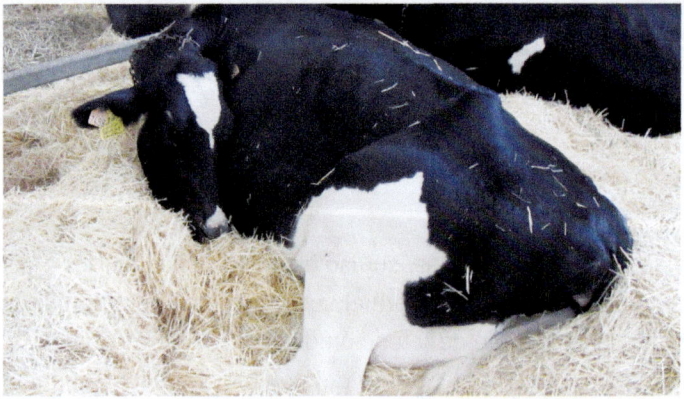

Cama de paja en una explotación de vacuno

 Definición

Estiércol sólido
Está formado por las deyecciones tanto sólidas como líquidas, y por material vegetal empleado para la cama del ganado. Para el lecho de los animales suele utilizarse paja, cáscaras de cereales, aserrín, viruta, etc.

Según el grado de descomposición, se puede hablar de estiércol fresco o "poco hecho" y de un estiércol compostado "maduro". Cuando se aplica estiércol fresco al campo, además de los beneficios que comporta al suelo a largo plazo se deben tener en cuenta ciertos inconvenientes. El estercolado en dosis elevadas produce un incremento de la salinidad y del pH del suelo. Además, pueden causar deficiencia temporal de nitrógeno en el suelo (el nitrógeno queda bloqueado) y contener semillas de malas hierbas.

 Nota

Se recomienda que los estiércoles frescos se entierren enseguida, ya que entran rápidamente en descomposición microbiológica, transformando en primer lugar el nitrógeno proteico a forma amoniacal, que a su vez puede perderse en forma gaseosa (amoniaco).

La materia orgánica que aporta el estiércol depende de varios factores tales como el tipo de ganado del que procede, alimentación, sistema de explotación, origen de la cama, proporción de deyecciones y material vegetal, grado de fermentación, etc. Se entienden por tanto, que la legislación exija unos contenidos mínimos de materia orgánica para poder comercializar estos productos.

En la legislación española al estiércol que ha sufrido un proceso de compostaje se le denomina "enmienda orgánica compost de estiércol" y debe estar elaborada mediante descomposición biológica aeróbica exclusivamente de estiércol, bajo condiciones controladas y con un contenido mínimo en nutrientes.

Algunos de los requisitos que deben cumplir para comercializarse son:

- Contenido mínimo de materia orgánica total 35 %.
- Humedad máxima: 40 %.
- Relación carbono-nitrógeno C/N < 20.
- No puede contener impurezas de ningún tipo tales como: piedras, gravas, metales, vidrios o plásticos.

Definición

Relación C/N

La relación C/N indica la fracción de carbono orgánico frente a la de nitrógeno. Si el residuo de partida es rico en carbono y pobre en nitrógeno, la fermentación será lenta, las temperaturas no serán altas y el carbono se perderá en forma de dióxido de carbono. Para el caso contrario, el nitrógeno se transformará en amoníaco y parte se perderá a la atmósfera. Una relación C/N óptima estaría entre 10-20.

El Ministerio de Agricultura, Pesca y Medio Ambiente dispone en su página web de una herramienta para consultar los distintos tipos de abonos orgánicos comerciales que existen en España.

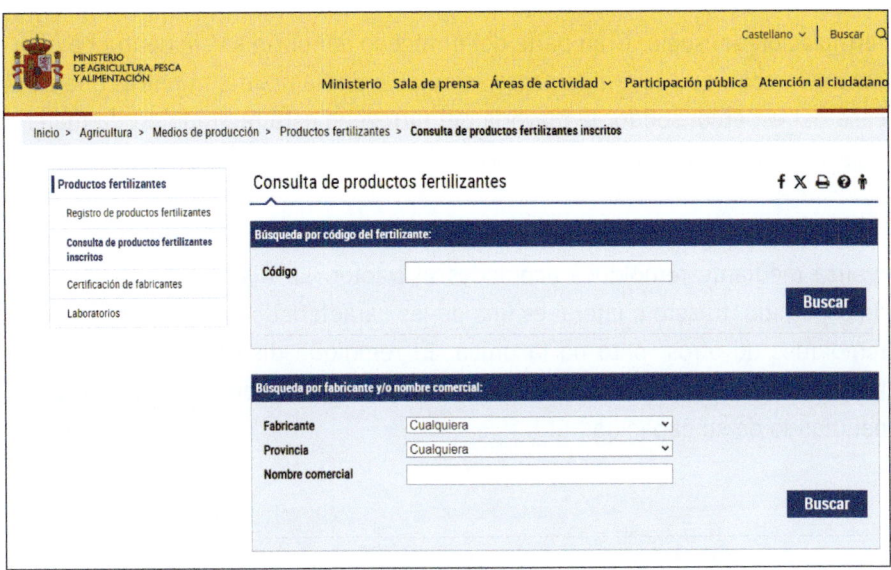

Herramienta de consulta de productos fertilizantes en la página del Ministerios de Pesca y Medio Ambiente

 ## Actividades

7. ¿Qué excremento procedente de animales utilizados en ganadería contiene un mayor porcentaje de nitrógeno?
8. Visitar la página web del Ministerio de Agricultura, Pesca y Medio Ambiente e indicar los tipos de abonos comerciales que existen bajo la denominación "enmienda orgánica compost de estiércol".

En relación a los purincs, la normativa española los engloba dentro del término de estiércol y concretamente se podrían definir como estiércol líquido con más de un 85 % de humedad que provienen fundamentalmente de la mezcla de las deyecciones sólidas y líquidas del ganado junto a las aguas procedentes del lavado del establo, sin presencia de material vegetal de la cama.

La riqueza del purín en nutrientes no es despreciable (en contenido de materia orgánica sí) y habría que tenerlo en cuenta a la hora de planificar la fertilización del suelo. Gran parte del nitrógeno del purín se encuentra bajo forma amoniacal, que es rápidamente asimilable por la planta, mientras que en el caso del estiércol sólido, la mayoría del nitrógeno está retenido por la materia orgánica hasta que sea descompuesta.

La distribución en el terreno cultivable de estiércoles sólidos o pastosos se realiza mediante remolques acoplados al tractor. La disposición del sistema de esparcido, trasero o lateral es una de las características que distingue unos remolques de otros, pero no la única. El remolque distribuidor de descarga trasera es el tipo de maquinaria más usual y puede ser de uno o dos ejes, dependiendo de su capacidad útil.

Caja de remolque con fondo móvil y cilindros esparcidores horizontales

La caja de remolque con fondo móvil aproxima el estiércol al grupo esparcidor mediante traviesas móviles unidas a cadenas.

La distribución de los purines en el suelo se puede realizar de forma dispersa en el aire o localizada en el suelo. En el primer caso, el producto parte de una única salida e impacta en un disco o plato que lo distribuye en el aire, formando una pequeña lluvia. Sin embargo, en días con viento no se recomienda el uso de esta forma dispersa en el aire por causar un reparto no uniforme del producto.

Esparcido de purín en el campo mediante plato difusor

 Nota

En días con viento no se recomienda el uso de la forma dispersa por causar un reparto no uniforme del producto.

La aplicación del purín localizada directamente al terreno se puede realizar mediante un apero con un sistema de discos que permite abrir el terreno ligeramente y añadir el purín. Otra variación de este método es la inyección directa al suelo y enterrado posterior con un arado.

Sistema de aplicación de purín mediante discos

Inyección del purín en el terreno

 Nota

Al aplicar abonos a los terrenos de cultivo, la dosis normalmente se calcula por hectárea (ha) y en el caso de los abonos de estiércol no puede aplicarse una cantidad mayor a 170 kg de nitrógeno por hectárea y año, como norma general, aunque excepcionalmente esa cantidad puede aumentarse hasta 210 kg de nitrógeno por hectárea y año, si la zona ha sido declarada como vulnerable a la contaminación de las aguas por nitratos.

Aplicación práctica

Pepe tiene una explotación frutal y pretende realizar un aporte de materia orgánica a través de un estiércol que tiene una riqueza de 2 kg de N/t (Nitrógeno por tonelada) y desconoce la dosis que debe aplicar.

¿Qué le indicaría?

SOLUCIÓN

En la distribución de los abonos orgánicos se fija la dosis normalmente por hectárea (ha). Además, existe una normativa que limita la cantidad anual de estiércol que puede aplicarse por hectárea y año en relación a la riqueza de nitrógeno. El límite oscila entre 170-210 kg de N/ha y año en función de si la zona está declarada como Zona Vulnerable a la contaminación de las aguas por nitratos.

La dosis de fertilizante orgánico se puede estimar en toneladas (t) o metros cúbicos (m^3) por hectárea. Si se sabe que el estiércol tiene una riqueza de 2 kg de N/t y el límite de kilos de nitrógeno por hectárea oscila entre 170-210, se puede calcular la dosis máxima que se puede aplicar. Basta con dividir la cantidad máxima autorizada de N/ha entre la riqueza del abono orgánico (210 kg de N/ha / 2 kg de N/t = 105 t/ha).

7. Identificación y determinación de necesidades de redes de drenajes, materiales y maquinaria a emplear

Los árboles frutales son especialmente sensibles al encharcamiento prolongado en el tiempo, ya que puede ocasionar la aparición de enfermedades fúngicas, asfixia radicular, descenso de la cosecha y calidad de los frutos o incluso la muerte del propio árbol.

 **Nota**

La tolerancia al encharcamiento también depende de la especie frutal y del patrón utilizado.

El objetivo fundamental del drenaje es evacuar el exceso de agua superficial o subterránea que pueda acumularse temporalmente en un terreno agrícola, con el fin de acondicionarlo para el crecimiento de los cultivos. De forma general, los factores que favorecen el exceso de agua en los suelos son las altas precipitaciones y las propias características del suelo.

Por ejemplo, tienen mayor probabilidad de exceso de agua los terrenos con una topografía plana o con una ligera depresión que limitan el movimiento superficial del agua y reciben agua de cotas superiores, suelos con un horizonte impermeable o con baja permeabilidad, y terrenos donde asciende agua por capilaridad de capas freáticas en profundidad, por cercanía a cauces fluviales o en zonas de relieve deprimido.

 Importante

Los problemas de drenaje aparecen tanto en climas húmedos, donde las precipitaciones son mayores a la evaporación del suelo y a las necesidades de agua de la vegetación, como en climas más secos como por ejemplo el mediterráneo, por tener concentradas las precipitaciones en pocos meses del año.

7.1. Tipos de redes de drenaje. Naturaleza de los conductos

Los sistemas de drenaje tratan de garantizar la evacuación de las corrientes de agua y el exceso de humedad de las parcelas de cultivo mediante una canalización adecuada. El drenaje en plantaciones agrícolas se puede realizar mediante dos métodos: superficial y subterráneo. En función de varios factores, tales como la procedencia del agua, cantidad de agua a drenar, topografía y características del suelo, etc., se recomienda uno u otro método.

El drenaje superficial se recomienda para resolver problemas de encharcamiento de agua en los primeros horizontes del perfil del suelo. Este exceso de agua se suele originar por una alta pluviometría o por un aporte de agua de cotas más altas a gran velocidad, y que junto a una baja permeabilidad del suelo y escasa pendiente, produce gran cantidad de agua en superficie o de escorrentía.

En estos casos, la solución consiste en alterar el terreno creando conducciones abiertas en superficie con cierta pendiente para evacuar el sobrante de agua por gravedad hasta un punto de salida. Este sistema se basa en realizar una serie de zanjas abiertas (drenes) a lo largo de la parcela, que terminan en otra zanja abierta más ancha llamada colector.

Sistemas de drenaje superficial mediante zanjas abiertas en superficie

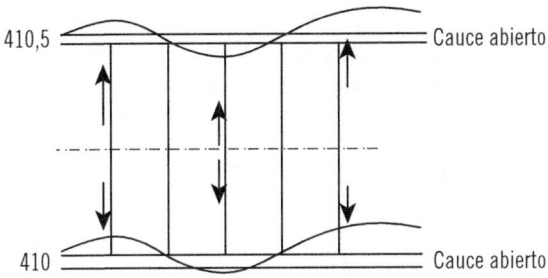

A continuación, se presenta una tabla con una serie de ventajas e inconvenientes de los drenajes superficiales.

Ventajas	Inconvenientes
Coste de ejecución bajo	Obstaculiza labores de cultivo
Detección temprana de obstrucciones	Pérdida de superficie cultivable
Evacúa grandes volúmenes de agua	Limita el uso de maquinaria

Otra opción dentro de los sistemas superficiales es la construcción de diques a base de tierra (más económico y fácil) a una cota mayor que la superficie de la plantación, con el objetivo de proteger contra las crecidas de los ríos, corrientes de agua de escorrentía, etc.

El drenaje subterráneo está indicado cuando el agua infiltrada en profundidad ha saturado el suelo, o bien, existe una capa freática cercana a la superficie. Además, presenta la ventaja de poder disponer de toda la superficie de la plantación cultivable y no limitar las labores. Dentro de este sistema existen tres alternativas: drenaje por zanjas enterradas, por galerías y mediante tuberías.

El primer caso consiste en zanjas excavadas en el terreno de plantación y rellenas, casi en su totalidad, por materiales permeables como piedras. El segundo caso consiste en realizar estrechas galerías cilíndricas a una profundidad entre 40 a 80 cm mediante un arado topo. Para que este sistema sea efectivo deben crearse galerías cada tres o cinco metros, el suelo debe contener cierto contenido de arcillas y realizarlo con una cierta humedad (consistencia plástica del suelo). Aun así, su durabilidad en el tiempo es más que dudosa.

Zanjas excavadas en el terreno de plantación y rellenas por piedras (izquierda); arado topo (centro); efecto en el suelo del arado topo (derecha)

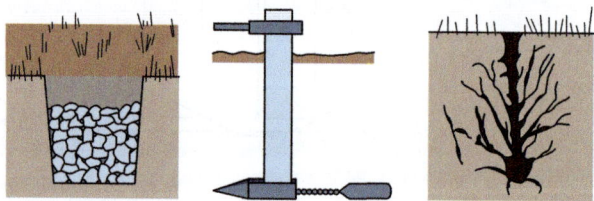

 Definición

Arado topo
Es un arado tipo subsolador con un diente rígido en la parte delantera y en su parte trasera, unida con una cadena, una pieza metálica de forma esférica.

El drenaje subterráneo más instalado en la actualidad consiste en disponer en el subsuelo de la plantación de una red de tuberías que recogen el agua infiltrada.

Sabía que...

Existe una alternativa mixta, las zanjas excavadas en el terreno y las pequeñas galerías efectuadas con el arado topo, que consiste en utilizar tubos enterrados que evacuan el agua a zanjas abiertas.

El drenaje subterráneo mediante tuberías o drenes tiene un coste de ejecución más elevado que los sistemas superficiales, pero no interfiere en las posteriores labores del cultivo. La configuración del sistema está basada en un conjunto de tuberías o drenes enterrados a lo largo de la parcela que capta el agua infiltrada por medio de unas perforaciones, y que la conducen hacia otros conductos enterrados y de mayor diámetro denominados colectores. A su vez estos colectores evacuan el agua a un colector principal que termina en una boca de salida, por donde se vierte el agua a un emisor final que suele ser un cauce de agua, balsa, estanque, etc.

Nota

En la bibliografía relacionada sobre drenaje, se denominan drenes a las tuberías utilizadas en el drenaje subterráneo, mientras que a los drenes en sistemas superficiales se designan como zanjas.

Materiales de las tuberías de drenaje subterráneo: tuberías de PVC y PE

Desde hace muchos años, la utilización de tuberías de material plástico se ha impuesto sobre materiales cerámicos u hormigón para diámetros de tubería mayores de 200 mm. Estos componentes plásticos suelen ser policloruro de vinilo (PVC) o de polietileno (PE) y presentan la ventaja de ser más económicos y más ligeros, con lo que se facilita su transporte y posterior instalación.

 Nota

Las tuberías de material plástico son más sensibles a la radiación solar, a las altas y bajas temperaturas y son menos resistentes a los esfuerzos, en general.

Ambos tipos de tuberías de plástico presentan una buena capacidad de drenaje al ser corrugadas y con orificios, pero actualmente las conducciones de polietileno (PE) están desplazando a las de policloruro de vinilo (PVC) por algunas propiedades físicas. Por ejemplo, las tuberías de polietileno (PE) son reciclables, son más resistentes a las altas y bajas temperaturas y al ser menos rígidas se adaptan mejor a las cargas.

 Nota

El policloruro de vinilo (PVC) cuando se quema produce ácido clorhídrico.

En relación a las dimensiones, existen tuberías con diámetros externos de 40, 50, 65, 80, 100, 125, 160 y 200 mm; los orificios pueden ser longitudinales o circulares y variar su anchura entre 0,6 a 2 mm, siendo su área perforada mínima de 1.200 mm² por metro de tubería. En el mercado, existen tuberías de drenaje de una capa o de dos, incluso existen algunas que integran en su exterior una capa adherida de geotextil de drenaje.

 Definición

Geotextil
Material textil (sintético o natural) polimérico, permeable y liso.

 Importante

Los colectores cuya función es recoger el agua que captan los drenes suelen ser de PVC corrugadas sin orificios y de mayor diámetro.

 Actividades

9. ¿Qué material es el fibrocemento?

Materiales filtrantes: naturales y prefabricados

La incorporación de una capa de material filtrante justo por encima de la tubería de drenaje tiene la finalidad de impedir su obturación por partículas finas, y al mismo tiempo, mejorar la capacidad de infiltración y el movimiento del agua en el terreno. Para ello, se utilizan envolturas o materiales filtrantes que incrementan la permeabilidad alrededor del dren o tubería de drenaje, y limitan de algún modo la colmatación por sedimentos minerales, químicos o biológicos.

Los materiales envolventes usados para proteger drenes subterráneos pueden ser naturales o sintéticos (prefabricados). Dentro de los naturales a su vez se pueden distinguir entre envolturas minerales y orgánicas, aunque estas últimas, por sus limitaciones de uso no se tratan en este apartado.

Nota

Los materiales orgánicos tienen el inconveniente de que se degradan con el tiempo e incluso pueden obstruir los orificios de la tubería de drenaje.

Importante

Las envolturas orgánicas suelen ser subproductos de producción agrícola tales como bambú, virutas de madera, carrizo, ramas de brezo, residuos de turba y fibra de coco, etc. Este tipo de envolturas funcionan bien en climas fríos donde su descomposición es muy lenta.

Las envolturas minerales consisten en colocar una capa por debajo y alrededor de la tubería de drenaje de piedras, bolos o grava (gruesa y fina). Además de cumplir con las funciones de proteger las conducciones y aumentar la permeabilidad, aportan estabilidad a la estructura del suelo.

Sistema de drenaje por tuberías o drenes con envoltura mineral

 Nota

Nunca deben utilizarse partículas de caliza en envolturas de drenaje, puesto que un alto porcentaje de cal en estas envolturas puede provocar precipitados que obturen las ranuras de la tubería.

Dentro de las envolturas sintéticas se incluyen tanto a los geotextiles como a los materiales usados como fundas adheridas a las tuberías.

Las envolturas geotextiles se definen como un material textil (sintético o natural) polimérico, permeable y liso, constituido por poliamida (PA), poliéster (PETP), polietileno (PE) o polipropileno (PP). En función de la combinación de materias primas, existen infinidad de tipos de geotextiles que se diferencian en su apariencia y en sus propiedades físicas, mecánicas e hidráulicas. En general, los geotextiles se emplean como material envolvente para tuberías de drenaje por su permeabilidad y por su alta capacidad de filtrado.

Sistema de drenaje por tuberías o drenes con envoltura mineral y sintética de geotextil

Una alternativa a las mallas geotextiles son los materiales sueltos enrolla-
dos previamente y adheridos a las propias tuberías de drenaje. Estos materiales
sueltos (hilos orientados aleatoriamente, fibras, filamentos, etc.) que revisten
a las conducciones corrugadas pueden estar constituidos por los mismos componentes de los geotextiles. Este tipo de envoltura que confiere las mismas
propiedades que la malla geotextil, tiene la ventaja de acelerar la ejecución del
sistema de drenaje.

 **Importante**

El revestimiento con materiales sueltos adheridos a las propias tuberías de drenaje está
limitado a conducciones de hasta 200 mm de diámetro.

7.2. Trazados del sistema de drenaje: adaptabilidad a las curvas de nivel del terreno

El diseño del sistema de drenaje debe favorecer la evacuación del agua, en
un método u otro, y siempre que la topografía lo permita, a través de la gravedad. Para ello, hay que analizar muy bien la estructura de la parcela, pendientes, depresiones naturales del terreno, cotas más altas, etc.

Nota

En el caso de no poder conducir el agua por gravedad, es necesario utilizar bombas para su evacuación.

El trazado de la red de drenaje puede configurarse mediante drenes paralelos regulares, paralelos descendientes o convergentes, y con una disposición irregular.

El primer sistema está recomendado en terrenos donde la pendiente no es homogénea (la distancia entre curvas de nivel es variable) y consiste en disponer drenes paralelos que se unen a los colectores en función de los cambios de pendiente.

La configuración de los drenes paralelos descendientes o tipo "peine" está justificada cuando el terreno presenta una pendientes uniforme, disponiéndose los drenes en paralelo, siguiendo las curvas de nivel y el colector en la cota más baja.

Sistema drenes paralelos descendientes o tipo "peine"

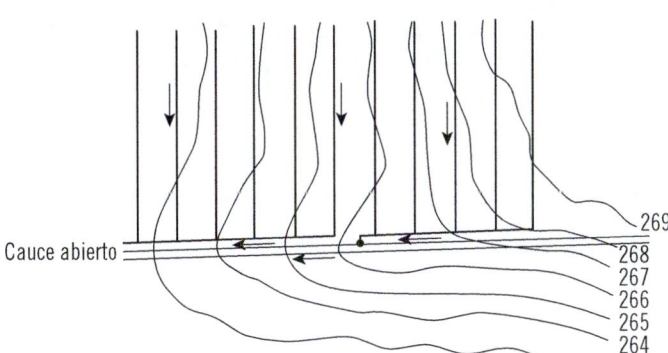

La distribución de los drenes paralelos convergentes o en "espina de pescado" se utiliza en terrenos con una pendiente acusada y homogénea, y se colocan de forma que corten a las curvas de nivel, sin formar un ángulo recto en su unión con el colector.

Por último, en zonas de baja montaña, terrenos de orografía no homogéneos u ondulados, se aconseja adaptar los drenes de forma irregular en el terreno.

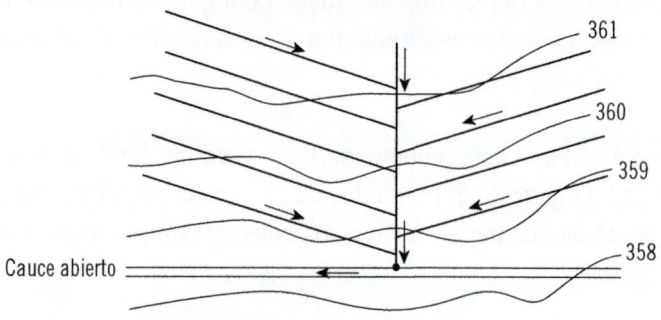

Sistema drenes paralelos convergentes

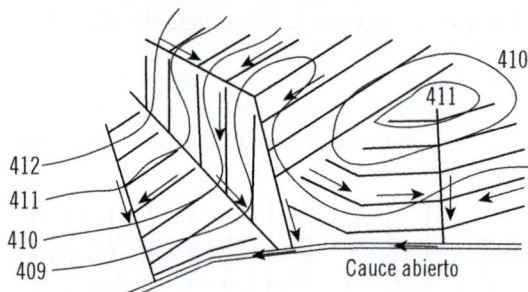

Drenes de forma irregular

 Importante

En terrenos con escasa pendiente es muy importante dar cierta inclinación o pendiente a las conducciones para que el agua pueda circular sin problemas hacia la salida de la parcela; dependiendo de la orografía del terreno, la pendiente óptima oscila entre 1 % y 5 %.

7.3. Maquinaria a emplear en la construcción de los sistemas de drenaje

En la instalación de los sistemas de drenaje se necesita fundamentalmente una maquinaria capaz de realizar zanjas en el terreno, ya que la colocación de las tuberías, si son de PVC o polietileno, se puede realizar manualmente. Por ejemplo, la retroexcavadora, ya sea de ruedas o de cadenas, es una máquina interesante para este tipo de trabajos.

En función de las características del suelo y dimensiones de la zanja se puede optar por diferentes formas y tamaños del cazo o cuchara. Normalmente estas máquinas disponen en la parte delantera del tractor una pala cargadora, que además de facilitar el enterrado posterior de la zanja, puede utilizarse para el aporte de la envoltura mineral a base de piedras y grava (si se opta por esta envoltura).

Existe otro tipo de maquinaria específica para realizar aperturas en la tierra, denominadas zanjadoras. Este tipo de maquinaria se caracteriza por poseer una cadena continua provista de cuchillas, que es la responsable de extraer la tierra y depositarla en los lados.

También se puede encontrar en el mercado un tipo de maquinaria capaz de abrir la propia zanja, a la misma vez que introduce la tubería de drenaje. Esta máquina está recomendada para grandes plantaciones.

Máquina específica para abrir zanjas y colocar la tuberia de drenaje al mismo tiempo

Importante

Los drenes de menor diámetro van enrolladas encima de la máquina y se desenrollan a medida que prosigue la instalación. Las tuberías de mayor diámetro generalmente se disponen sobre el campo y se van colocando con la máquina.

8. Cortavientos: naturales y artificiales

La protección de la plantación frente al viento está sumamente justificada por los daños, tanto físicos como fisiológicos que produce. Dentro de los daños físicos, lo más usual es la rotura de ramas, caída de hojas, flores y frutos, etc., que causan pérdida de cosecha, inclina los árboles en la dirección de los vientos dominantes y por otro lado dificulta determinadas operaciones de cultivo como el laboreo superficial y la aplicación de abonos o tratamientos fitosanitarios.

Entre los daños fisiológicos el viento puede favorecer heladas de advención al coincidir temperaturas bajas con velocidades considerables del aire. Si por el contrario el desplazamiento de aire es cálido y seco, provoca un incremento de la transpiración y, por consiguiente, una mayor demanda de agua para regular la temperatura de la planta. En el caso de persistir los vientos cálidos y secos, y para evitar una transpiración excesiva, la planta tiende a cerrar los estomas que provocan una reducción de la actividad fotosintética.

Definición

Heladas de advección
Son aquellas originadas por temperaturas por debajo de 0° junto a vientos fuertes.

 Definición

Transpiración
Es el proceso que produce la presión que empuja al agua hacia arriba a todas las células de la planta. También favorece que la temperatura de la planta tenga un grado aceptable. La transpiración se produce tanto de día como de noche.

 Sabía que...

El viento suave conlleva beneficios para el transporte de polen y fecundación de flores, renueva el aire y facilita la transpiración de los cultivos.

Por todos estos efectos negativos del viento se recomienda la instalación de cortavientos, que son estructuras cuya finalidad es minimizar los efectos dañinos del viento, reduciendo su dirección o velocidad. Además, ayudan a mantener la humedad del suelo, regular las variaciones de temperatura, tanto en invierno como en verano, reducen la pérdida de suelo por erosión, y al evitar daños graves en la plantación mejoran sus rendimientos. En el diseño de los cortavientos se deben estudiar una serie de variables que pueden afectar a los resultados esperados, como son su permeabilidad, altura y orientación.

 Nota

La permeabilidad hace referencia al porcentaje de poros o huecos del cortavientos. Los cortavientos deben funcionar a modo de filtro, no como una pared totalmente impermeable.

Por ejemplo, los cortavientos impermeables (alrededor del 25 % de huecos) reducen bastante la velocidad del viento, pero pueden originar torbellinos, y los permeables (alrededor del 75 % huecos) bajan ligeramente su velocidad. Se aconseja por tanto elegir cortavientos semipermeables (alrededor del 50 % huecos) que ralentizan la velocidad del viento en una superficie considerable de la plantación.

Por otro lado, la efectividad del cortavientos aumenta con su altitud y se estima que su altura mínima deber ser aproximadamente el doble de la altura de los frutales, una vez alcanzado su porte definitivo. En cuanto a su orientación, debe ser perpendicular al viento dominante, aunque esto dependerá también del efecto sombreo que pueda ocasionar y la disposición de la parcela.

Importante

El establecimiento del cortavientos debe ser continuo y uniforme, es decir, no deben dejarse huecos muy amplios porque se crearían túneles por donde el viento aumentaría su velocidad.

Actividades

10. ¿Qué tipos de heladas existen además de las heladas de advección?

8.1. Tipos de cortavientos: naturales y artificiales

Los cortavientos naturales son aquellos constituidos por especies vegetales arbóreas o arbustivas. A la hora de planificar unos cortavientos de este tipo se deben estudiar ciertas propiedades de las especies, así como variables del propio diseño como son su anchura y la distancia entre especies.

La especie vegetal elegida debe estar adaptada a la climatología de la zona, tener un crecimiento relativamente alto, disponer de un sistema radicular pivotante que ayude a soportar el fuerte viento, de floración insignificante o en diferente época que los frutales, y con ramas y tallos de madera flexible.

Cortaviento natural de Cupressus sempenvirens horizontalis en plantación de olivar

También hay que decidir la composición del cortavientos: de una o más especies, especies dispuestas en una fila o más, distancia entre especies de cada fila (la separación mínima aconsejada es de 1,5 m, pudiendo eliminar posteriormente una de cada dos especies), porte de las mismas, distancia a la plantación (la distancia mínima recomendada entre la plantación y el cortavientos se estima en 5 m), etc.

En la siguiente tabla se citan algunas de las especies vegetales más recomendadas para constituir un cortaviento natural.

Cupressus sempenvirens horizontalis	*Thuja orientalis*
Cupressus sempenvirens pyramidalis	*Fraxinus excelsior*
Cupressus macrocarpa	*Tamarix gallica*
Cupressus arizonica	*Tamararix africana*
Chamaerypari lawsonialla	*Alnus glutinosa*
Populus nigra pyramidalis	*Alnus cordata*
Populus alba pyramidalis	*Salix alba*

Actividades

11. Buscar los nombres vulgares de las especies vegetales de la tabla anterior e indicar si
son de hoja perenne o caduca.

Importante

Si se opta por especies de hoja caduca se debe estudiar previamente si pierden las hojas
antes o después de los frutales de la plantación. Las especies de hoja perenne suelen tener
un crecimiento más lento y crean mayores turbulencias.

Los cortavientos naturales presentan sin embargo algunos inconvenientes:
ocupan parte de la superficie de la plantación, pueden dificultar operaciones
de cultivo, necesitan cierto mantenimiento, pueden crear cierto sombreamiento y favorecer heladas si la pantalla es muy impermeable. Además, en el caso
de cortavientos realizados mediante especies vegetales pueden existir competencia de agua o nutrientes con los árboles adyacentes de la plantación y ser
foco o refugio de plagas.

Los cortavientos artificiales están compuestos por materiales inertes de distintos tipos. Pueden observarse cortavientos constituidos a base de ladrillos
o bloques de hormigón, pero actualmente por ser más económicos y rápidos
de instalar se están imponiendo las mallas de tela plástica. Con respecto a
los cortavientos naturales, estos cortavientos presentan la ventaja de requerir
menos mantenimiento, menor superficie, no compiten por el agua ni los nutrientes y, una vez instalados, protegen desde el primer momento del viento.
Por el contrario, su vida útil es menor, su impacto visual es importante y su
coste algo superior.

Cortaviento artificial en plantación de cítricos

 Nota

Existen mallas comerciales con distintas permeabilidades, dimensiones y colores.

9. Cierres de finca: cimentaciones, muros, cercas

Los cierres de finca son cada vez más necesarios y remendados para delimitar los márgenes de las parcelas y proteger tanto las cosechas como maquinaria y herramientas que pueden existir dentro de una explotación. En las explotaciones agrícolas suelen utilizarse dos tipos de cierre en función del material empleado: metálicos o de fábrica.

Importante

El nombre de fábrica hace referencia a la parte de una construcción realizada por medio de piedra natural, aglomerados (bloques de yeso, bloques prefabricados de hormigón, etc.) o productos cerámicos como los ladrillos.

En el mercado hay infinidad de modelos de cierres metálicos, pero el más utilizado por su relación calidad-precio es el constituido por una serie de postes de tubo de acero galvanizado, separados unos 5 m que sustentan una malla galvanizada simple torsión 40/14 de 1,5 m de altura, aproximadamente. Los postes suelen ser de unos 5 cm de diámetro y 1,75 m de altura, y se sustentan en el terreno mediante una cimentación de forma cuadrada ("dado") rellena de hormigón (mezcla de arena, grava y cemento) en masa (sin armadura metálica) de 20 N/mm² de resistencia característica.

Definición

Malla galvanizada simple torsión 40/14
Malla de cercado de diferentes alambres dispuestos en forma de rombo. 40/14 indica la medida del rombo (40 x 40 mm) y el 14 hace referencia al calibre del alambre que es 2,2 mm. Existen mallas en el mercado de distintas dimensiones.

Cimentación
La cimentación constituye la base de apoyo de una estructura y tiene la misión de transmitir las cargas que soporta una estructura al suelo. Las cimentaciones conllevan previamente una excavación del terreno y posterior aporte de hormigón.

En cuanto a los cierres de fincas por medio de muros se pueden emplear para su construcción distintos materiales: piedras naturales (calizas, granitos, pizarras, basalto, etc.), ladrillos, bloques de hormigón ligero, etc.

Importante

Las medidas de las vallas son orientativas, ya que existen diferentes soluciones en el mercado para instalar un cierre metálico.

Este tipo de cierre resulta más caro y se suele utilizar en la zona de la entrada a la explotación. En este tipo de cierre, la cimentación requiere realizar una zanja de dimensión acorde a la altura y anchura prevista del muro, la colocación de la armadura metálica y posterior relleno de hormigón.

Cierre mixto compuesto por valla metálica y bloques de hormigón huecos

Sabía que...

Existe la posibilidad de realizar cierres mixtos de vallas metálicas y muros de fábrica. Normalmente el muro está en contacto con el terreno y los postes con la malla metálica se colocan por encima de dicho muro.

Actividades

12. ¿A qué se llama hormigón de limpieza?
13. ¿En qué consisten los muros de mampostería?

10. Caminos de servicio: macadam, pavimentos, hormigón, gravas, asfaltos

Los caminos o calles de servicio son vías de transporte cuya finalidad principal es la de facilitar la circulación de vehículos y maquinaria en las explotaciones para la realización de las distintas labores de cultivo, laboreo, poda, tratamientos fitosanitarios y, sobre todo, la recolección de la cosecha.

El diseño y trazado de la red de caminos depende de la topografía del terreno y de las características de la explotación. No obstante, como regla general se recomienda unir mediante caminos las distintas infraestructuras de la explotación (almacén, caseta del riego, balsa, etc.), además de trazar una vía de servicio de 4 a 6 m por todo el perímetro de la explotación.

Junto a este camino perimetral, y en función de la geometría de la finca, se trazan calles de servicio verticales y horizontales cada 80 o 160 m que dividen la explotación en pequeñas parcelas comunicadas entre sí.

En cuanto al aspecto constructivo, el perfil transversal estándar de un camino rural está constituido básicamente por dos capas claramente diferenciadas: la cimentación y el pavimento.

La capa de cimentación hace referencia a la superficie de terreno natural, previamente compactado y retirado de la capa de tierra vegetal. Se aconseja que este primer estrato esté compuesto por grava o zahorra, y en menor medida por arenas o limos mezclados con arena.

El pavimento o firme es el responsable de soportar la carga de los vehículos y transmitirla al terreno sin originar deformaciones permanentes. En el pavimento se distinguen a su vez las siguientes capas: capa de rodadura, base y subbase.

La capa de rodadura situada en la parte superior y sobre la que ruedan los vehículos debe garantizar una buena resistencia e impermeabilidad. El estrato por debajo de la capa de rodadura, llamada base, constituye el cuerpo del pavimento por su mayor espesor, y puede estar compuesto a base de: macadam que actualmente no es muy utilizado, gravas de zahorra natural o artificial, o incluso de hormigón armado (el hormigón armado por su coste relativamente tan alto, suele utilizarse cuando por el camino pasa un cauce de agua o vado inundable o en tramos de gran pendiente). Actualmente, se suele utilizar como base zahorra artificial.

Definición

Macadam
Está constituido por una mezcla de piedras machacadas de distintos tamaños y un recebo de tipo arenoso.

Zahorra natural
Material granular de tamaño homogéneo procedente de graveras (depósitos naturales), suelos naturales o una mezcla de ambos.

Definición

Zahorra artificial
Material granular de tamaño homogéneo procedente de la trituración, total o parcial, de
piedra de cantera o de grava natural.

Importante

En la mayoría de los caminos rurales se suprime la capa de rodadura y se mejora la parte
superior de la base, que realiza la función de capa de rodadura.

La capa denominada subbase debe configurar resistencia al conjunto de
estratos e impedir la transmisión de la humedad del suelo hacia arriba por capilaridad. Para esta capa se suelen utilizar materiales de menor calidad como
piedras machacadas, zahorra natural, arena e incluso se está probando poner
escombro de demoliciones de edificios.

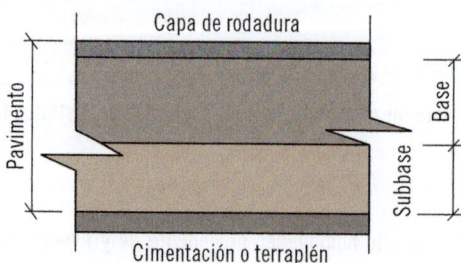

Sección de la plataforma

Perfil transversal de un camino rural estándar

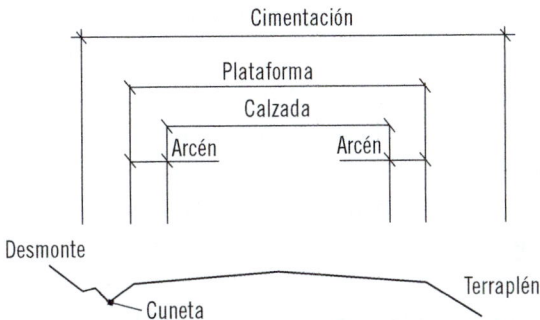

 Importante

En la ejecución de los caminos y después del aporte de cada capa es muy importante realizar sucesivos riegos y posteriores compactaciones para dotar de mayor resistencia a la infraestructura.

El buen estado de conservación de los caminos en el tiempo depende en gran medida de sus materiales y por las medidas de defensa contra el agua que se establezcan. La creación de cunetas permite recoger las aguas que discurren por la superficie del camino, las que se infiltran y las que provienen de las zonas laterales. También el bombeo o inclinación desde el centro del camino a los bordes ayuda a facilitar la circulación del agua hacia las cunetas.

 Nota

La pendiente del bombeo está comprendida entre el 5 y el 3 % y debe darse a todas las capas que forman el camino.

Si se pretende asfaltar el camino rural, se puede realizar mediante algunos de los tratamientos superficiales siguientes: por riego asfáltico o aglomerado asfáltico. En el primer caso, se aplica in situ un aglomerante asfáltico sobre la base de un camino, y posteriormente se realiza la extensión y compactación de una capa de árido. En el segundo caso, se mezclan los áridos con ligantes asfálticos en una nave de fabricación, mediante dos opciones: en caliente (el aglomerante utilizado es el betún) o en frío (el aglomerante utilizado es la emulsión asfáltica).

El aglomerante más empleado en este tipo de tratamiento es la emulsión asfáltica (mezcla de betún y agua, en una proporción del 50-60 %). El aglomerante tiene un efecto adhesivo cuando, después de su aplicación, se evapora el agua.

Trabajo de ejecución de un camino rural

Aplicación práctica

Suponga que usted es un técnico agrícola y un agricultor le pide que diseñe los caminos necesarios para su explotación a través de un mapa de la misma.

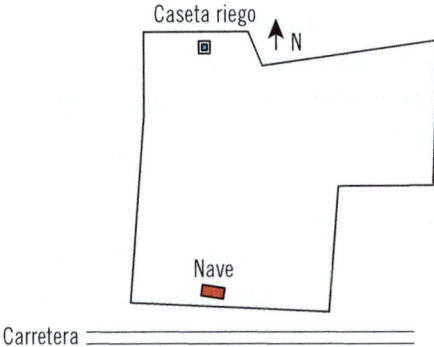

SOLUCIÓN

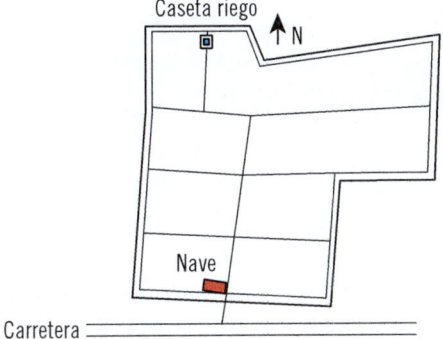

11. Instalaciones eléctricas: puntos de luz

Las instalaciones eléctricas tienen la misión de conducir y suministrar la energía eléctrica de una forma segura a los distintos aparatos eléctricos, mediante una red de distribución que garantice su protección y también el de las personas. Su diseño depende de ciertos factores que deben estudiarse previamente: tipo de explotación, construcciones o infraestructuras previstas (naves, edificios, oficinas, invernaderos, etc.), distancia de la explotación al punto de enganche de la red general, trazado de las conducciones de agua, gas, etc.

En general, una instalación eléctrica de una plantación frutal debe garantizar el suministro de electricidad como mínimo a una nave-almacén y a construcciones auxiliares, como por ejemplo, una caseta de riego que integra al sistema de impulsión (bomba), de filtrado y fertirrigación. Para ello, se requiere una serie de elementos como: un transformador, acometida, caja general de protección y medida, derivación individual, cuadro general de mando y protección y receptores eléctricos.

El transformador es necesario para reducir la tensión de la red de distribución general a 400 o 230 V. Una vez que el agricultor compra el transformador, la empresa suministradora de electricidad se encarga de su instalación y mantenimiento posterior. De la red general de distribución parte una línea o acometida, hacia la caja general de protección y medida (CPM) que contiene un fusible, como elemento de protección y el contador que mide la energía eléctrica consumida.

 **Definición**

Acometida
La acometida pertenece a la empresa suministradora de la energía, y parte desde la red de distribución general, pasando por el transformador, hasta la caja general de protección y medida, siendo este punto el comienzo de la instalación eléctrica propiedad del usuario.

Fusible
Son pequeños elementos de seguridad que impiden el paso de corriente cuando por ellos circula una intensidad superior permitida.

Las explotaciones agrarias se alimentan normalmente de energía eléctrica procedente de las redes de media tensión y baja tensión (entre 1.000 y 24 V) de las compañías distribuidoras.

A continuación, y a través de la línea denominada derivación individual, se llega al cuadro general de mando y protección, situado en la nave-almacén. En este cuadro se localiza un interruptor general automático (IGA) que protege contra sobrecargas y cortocircuitos; interruptores diferenciales como mínimo (de acuerdo con el Reglamento electrotécnico de baja tensión de 2002 y sus instrucciones técnicas) uno por cada cinco circuitos (línea de alumbrado, línea de tomas de corriente y línea caseta de riego) para la protección contra contactos indirectos; y un interruptor automático magnetotérmico para la protección de los circuitos derivados, es decir, uno para cada línea (en este caso planteado se necesitan tres).

 Nota

Los interruptores automáticos magnetotérmicos se utilizan para proteger a los conductores de las instalaciones frente a sobrecorrientes originadas por sobrecargas (conexión de más receptores de los debidos) o cortocircuitos (contacto directo entre conductores activos entre los que normalmente existe tensión y están aislados). También se pueden accionar manualmente y no necesitan reponerse como los fusibles.

Desde el cuadro general de mando hacia el interior de la nave deriva normalmente una línea eléctrica para los grupos de fuerza (tomas de fuerza o enchufes) y otra para la iluminación interior y exterior de la nave.

Para la alimentación eléctrica de la caseta de riego se puede derivar otra tercera línea que llegue hasta otro subcuadro general de mando y protección situado en la caseta de riego.

Por último, desde este subcuadro parten varios circuitos para el alumbrado, enchufes y equipos de impulsión (bomba), de fertirrigación, etc., con sus respectivas protecciones.

Esquema básico de una instalación eléctrica en una explotación frutal

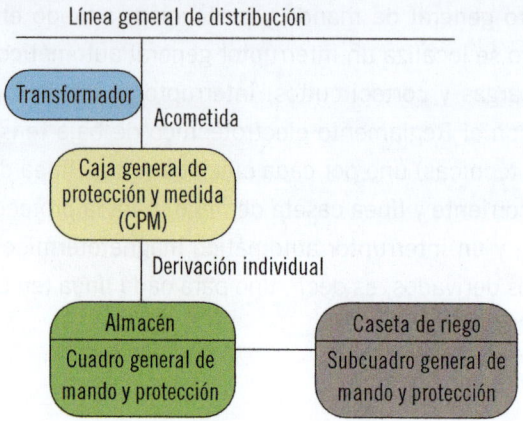

Línea general de distribución

Transformador
Acometida

Caja general de protección y medida (CPM)

Derivación individual

Almacén
Cuadro general de mando y protección

Caseta de riego
Subcuadro general de mando y protección

 **Importante**

La longitud de la red eléctrica dentro de la finca es importante a la hora de dimensionar los distintos elementos de la instalación. A mayor longitud, se incrementa su coste.

 Actividades

14. ¿Cómo funcionan y en qué consiste el mecanismo de protección de los interruptores automáticos magnetotérmicos?
15. ¿Cómo funcionan y en qué consiste el mecanismo de los fusibles?
16. ¿Qué diferencias existen entre una red eléctrica trifásica y monofásica?

12. Riego localizado

El sistema de riego localizado es el que tiene mayor implantación en los cultivos de frutales, debido a que las pérdidas de agua son mínimas y prácticamente toda el agua se utiliza para humedecer la parte del suelo donde se localizan las raíces. Además, es un sistema que no requiere grandes caudales ni presiones de trabajo y permite incluso la incorporación de un sistema de fertirrigación. Dentro de este sistema existen básicamente dos tipos, riego por goteo y riego por microaspersión, que se diferencian en la forma de aplicar el agua y en el caudal (litros/hora) aportado por punto de emisión. No obstante, aunque este apartado haga referencia al riego por goteo, sus componentes e instalación básica son muy similares.

 Nota

En el riego por goteo el punto de emisión puede regularse para que el agua se aporte gota a gota o mediante flujo continuo. En la microaspersión, en cambio, el punto emisor aporta mayor caudal y en forma de lluvia fina.

 Definición

Fertirrigación
Consiste en la distribución del fertilizante a través del agua de riego.

 Actividades

16. ¿Qué es la quimigación?

12.1. Componentes del equipo de riego

Una instalación de riego por goteo tiene la misión de trasladar el agua hasta las proximidades de cada árbol frutal y, para ello, es necesario que exista un camino, y además, energía o presión para recorrerlo. El agua en su trayecto debe pasar por el cabezal de riego que está constituido por una serie de elementos que la regulan, filtran y tratan, para después transcurrir por la red de distribución donde se reparte por medio de tuberías, y salir finalmente por los emisores de riego, dispuestos en la cercanía del tronco del árbol. Por último, en todo este recorrido se instalan varios dispositivos con la finalidad de controlar, medir y proteger el sistema de riego.

Componentes básicos de un sistema de riego localizado

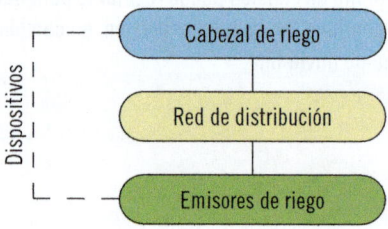

Cabezal de riego

El cabezal de riego está integrado por un conjunto de elementos que conforman el sistema de impulsión, filtrado y fertirrigación.

El sistema de impulsión es el elemento responsable de aportar la presión y el caudal de agua requerido en los sistemas de riego agrícola. Según la presión y el caudal demandado en una determinada finca, se puede elegir la bomba a través de las curvas características que suministran los fabricantes en sus catálogos.

 Definición

Curvas características

La curva característica de una bomba relaciona los distintos valores de caudal que puede proporcionar con otros parámetros como la altura manométrica, el rendimiento hidráulico, la potencia requerida y la altura de aspiración, que están en función del tamaño, diseño y construcción de la bomba.

Las bombas centrífugas son las más utilizadas debido a su tamaño reducido, a suministrar caudales constantes y presiones uniformes, requerir poco mantenimiento y por permitir su regulación. Existen bombas accionadas por medio de motores de combustión (gasolina o diésel) cuando no se dispone de electricidad.

El objetivo del sistema de filtrado es impedir el posible taponamiento u obturación de los puntos de emisión o goteros originados por impurezas que dificultan la circulación normal del agua. Para ello, existen diversos tipos de filtros: de arena, de malla y de anillas, y es común que aparezcan a la vez filtros de malla y de anillas en el cabezal de riego y filtros de malla en la red de distribución.

Las impurezas pueden ser partículas orgánicas (restos vegetales y animales, algas, bacterias), partículas minerales (arena, limo, arcilla) y precipitados químicos (fertilizantes aplicados por fertirrigación).

 Importante

Para conseguir un mejor resultado de filtración se aconseja disponer de un depósito de decantación. De esta manera, las partículas minerales en suspensión (arena, limo, arcilla) o precipitados de hierro, se separan del agua por sedimentación.

El sistema de fertirrigación permite aprovechar el sistema de riego para aplicar fertilizantes solubles, e incluso, algún producto fitosanitario. La configuración de este sistema se puede realizar mediante varios equipos: tanques cerrados de fertilización que son depósitos conectados en paralelo a la red de distribución; inyectores tipo Venturi que gracias a un efecto de vacío producido por una depresión en la tubería succiona el fertilizante de un depósito; e inyectores directos que introducen el fertilizante de un depósito abierto a través de una bomba eléctrica o hidráulica. Estos equipos cuentan como mínimo de cuatro depósitos, dos para las soluciones nutritivas, uno para el ácido y otro para los tratamientos fitosanitarios.

En la siguiente tabla aparecen diferentes tipos de inyección de fertilizante en equipos de fertirrigación, con sus ventajas e inconvenientes.

Equipo	Ventajas e Inconvenientes
Tanque cerrado de fertilización	Coste muy económico Concentración fertilizante no uniforme
Inyectores tipo Venturi	No necesitan energía eléctrica o combustible Concentración fertilizante uniforme Poco mantenimiento Provocan grandes pérdidas de presión
Inyectores directos	Concentración fertilizante uniforme Puede regularse la concentración (dosificador)

Hoy en día, los sistemas de fertirrigación con equipos de inyección tipo Venturi y los directos permiten su automatización mediante programadores y ordenadores, los cuales tienen algunas de las siguientes características:

- Poseen sensores de lluvia y humedad, que permiten detectar cuándo comienza a llover, procediendo el programador a cerrar el sistema de riego, según los parámetros que previamente se le hayan indicado.
- Disponen de sensores de radiación solar y temperatura, que hacen que el programador aumente o disminuye la cantidad de agua que se emite, dependiendo de las indicaciones que se hayan planificado.

- Se pueden conectar al programador aparatos de medición del viento (anemómetros), para que el sistema deje de regar cuando este es excesivo, evitando así que el agua sea desplazada a zonas no deseadas.
- Se pueden conectar al programador varios sensores, distribuidos a lo largo del cultivo, que indican la cantidad de agua aportada, lo cual permite al agricultor conocer la uniformidad del riego.
- Conexión de sensores que indican la posibilidad de aparición de plagas y enfermedades, relacionadas con un mayor o menor aporte hídrico.
- Control de la cantidad a agua aportada, dependiendo de la evaporación del agua del suelo y de la transpiración de las plantas, mediante sensores que informan de estos datos al programador.
- Programadores de riego con conexión vía satélite, que permiten al agricultor estar informado, a distancia, del estado del sistema de riego de su explotación. Estos satélites también proporcionan información sobre las necesidades de riego y fertilizantes de los cultivos.
- Programadores con una gran capacidad para resistir los fenómenos meteorológicos, como la exposición al sol, la lluvia y las temperaturas extremas.
- Detección de fallos en el suministro eléctrico del programador, en caso de que este sea de la red o de placas solares, con arranque automático del sistema de baterías auxiliares.
- Aplicaciones móviles que permiten obtener datos del programador, y controlar el mismo, a distancia, desde un *smartphone*.

En general, se requieren también varios depósitos, filtros de malla a la salida de cada depósito, sistema de inyección, electroválvulas para la dosificación de los diversos fertilizantes, sondas de medición de la conductividad eléctrica (CE) y del pH, sistema de filtrado por medio de filtros de anillas autolimpiantes y otras electroválvulas para abrir o cerrar los diferentes sectores de riego de la parcela.

Definición

Electroválvulas

Son válvulas hidráulicas que accionadas mediante un sistema eléctrico y conectadas a un programador de riego cierran o abren el paso de agua en una conducción.

Cuando una válvula hidráulica se abre o cierra mediante un sistema eléctrico se convierte en una electroválvula. Esto permite simplificar mucho la automatización de la red de riego, automatizando la apertura y cierre de las válvulas de la instalación mediante impulsos eléctricos generados por un programador de riego.

Interior de una caseta de riego

Actividades

17. Buscar información sobre los tipos de bombas que existen y las características de cada una de ellas.
18. Describir brevemente las características de los filtros de arena, de malla y de anillas.

Tuberías de distribución

El conjunto de tuberías constituyen una red de distribución que conducen el agua desde el cabezal de riego hasta los emisores o puntos de emisión. Normalmente, en las plantaciones no se riega toda la superficie a la vez, sino que la explotación se divide en sectores o unidades de riego según distintos criterios (superficie, tipo de árbol frutal, variedad, etc.). La tubería que alimenta a cada unidad de riego se denomina tubería secundaria y a las tuberías que abastecen los ramales, portagoteros o laterales se llaman tuberías terciarias. La superficie regada por cada tubería terciaria se llama subunidad de riego.

Diseño básico de un sistema de riego localizado

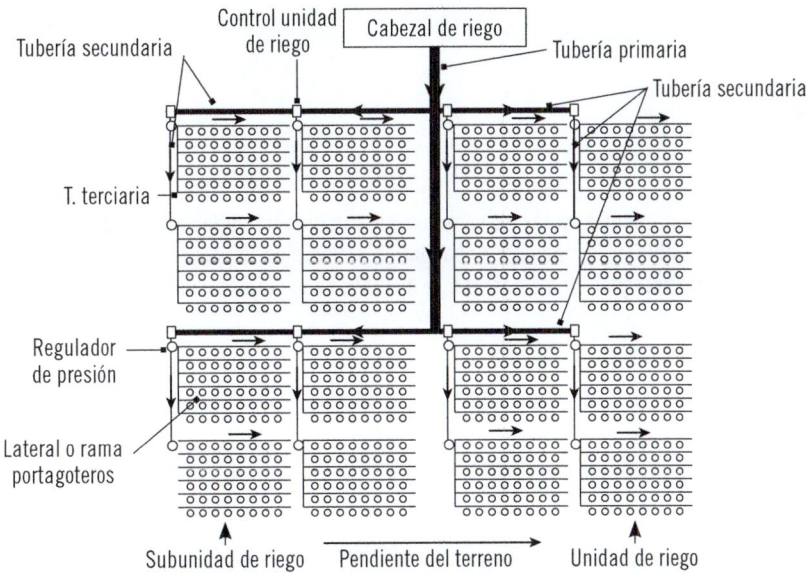

Nota

En las tuberías denominadas ramales portagoteros o laterales se localizan los emisores o puntos de emisión.

En relación a los materiales, las tuberías suelen estar compuestas de policloruro de vinilo (PVC) o de polietileno (PE). Las tuberías primarias suelen montarse de PVC con diámetros de 75 o 90 mm, mientras que el resto, normalmente son de polietileno con diámetros de 32, 40, 50 o 63 mm, y de 12 o 16 mm para las tuberías laterales o ramales portagoteros.

Emisores o puntos de emisión

Denominados frecuentemente como goteros, son los responsables de suministrar y controlar la salida de agua hacia la zona radicular del árbol. En el mercado existen diversos tipos de goteros y con distintas características. Actualmente, se están demandando goteros autocompensantes, antidrenantes, autolimpiantes y con caudales de salida entre 4 y 8 l/h para frutales.

 Nota

Los goteros autocompensantes se caracterizan porque ante variaciones importantes de presión no cambia prácticamente el caudal de salida. Son imprescindibles en parcelas con pendiente, aunque son más caros y se obstruyen con mayor facilidad.

Nota

Los goteros antidrenantes se caracterizan porque una vez finalizado el riego, por los goteros no sigue saliendo agua, evitando un nuevo llenado del sistema al iniciar el siguiente riego y la entrada de aire.

Los emisores o goteros se pueden diferenciar también según su disposición en las tuberías laterales o ramales. Los más demandados son de dos tipos: goteros que se insertan a través de un orificio previamente practicado en la tubería de polietileno y otros que están integrados en el interior de la tubería.

 Actividades

19. ¿Qué son las cintas de exudación en riego?

Dispositivos

Estos dispositivos se clasifican según sea su función específica: de medición, control o protección.

Entre los dispositivos de medición se encuentran los manómetros y los contadores. Los primeros indican la presión en un determinado punto de la instalación y ayudan a detectar averías. A lo largo de la instalación se pueden añadir en varios puntos: a la salida de la bomba, antes y después de los filtros y del equipo de fertirrigación. Los contadores miden el caudal de agua, instantáneo y el acumulado, que pasa por un punto, y por lo menos se recomienda instalar uno en el cabezal de riego.

Nota

Existe un tipo de contador llamado rotámetro o flotámetro que únicamente mide el caudal instantáneo, que sirve para verificar la inyección de fertilizantes en los equipos de fertirrigación.

Los dispositivos de control como los reguladores de presión se utilizan para mantener constante la presión en una parte de la instalación de riego, que suele recomendarse colocarlos al inicio de cada subunidad de riego. Dentro de este grupo se engloban también a las válvulas hidráulicas, que posibilitan controlar el paso de agua en una tubería, abriendo, cerrando o dejando una posición intermedia de la llave.

Recuerde

Las electroválvulas son válvulas hidráulicas que accionadas mediante un sistema eléctrico y conectadas a un programador de riego cierran o abren el paso de agua en una conducción.

Por último, entre los dispositivos de protección se encuentran las ventosas cuya misión es expulsar el aire que queda atrapado en el interior de las conducciones y los calderines, que son depósitos que contienen agua y aire a presión, que ayudan a amortiguar los cambios de presión del sistema.

Elementos de medición, control o protección: manómetros, electroválvula, filtro y válvula de esfera

 Nota

La colocación de ventosas evita sobrepresiones en las conducciones en el momento de su llenado, y depresiones durante el vaciado, que pueden suponer roturas de las mismas.

 Aplicación práctica

Imagine que un agricultor en su explotación tiene un pozo y una bomba para suministrar agua a su sistema de riego por goteo. Resulta que la bomba aporta agua de un color marrón parduzco a una gran presión. ¿Qué problemas pueden originar estas dos circunstancias? ¿Qué principales dispositivos son necesarios para evitar estos problemas en el sistema de riego?

SOLUCIÓN

El motivo por el cual el agua adquiere un ligero color marrón es a causa de las partículas finas de tierra que lleva en suspensión. Para evitar daños y obstrucciones en tuberías y goteros es imprescindible la instalación de algún tipo de filtro de malla o anillas. El segundo problema puede ocasionar la rotura de tuberías, escapes de agua por los enlaces y en los tramos finales de las tuberías portagoteros. Para limitar estos problemas se requiere de la instalación de dispositivos reguladores de presión a lo largo del sistema de riego.

13. Técnicas, materiales y equipos necesarios para la captación, traída y almacenamiento de aguas

Hoy en día, la captación de agua en las explotaciones agrícolas se reduce prácticamente a realizar pozos o sondeos, pero sin embargo existen más alternativas para aprovechar tanto las aguas superficiales (de escorrentía y de lluvia) como subterráneas.

Entre los métodos que existen para la captación de agua se pueden citar algunos ejemplos como las galerías, zanjas drenantes, sistemas de drenaje por tuberías enterradas y colectores, pozos excavados y sondeos.

La captación del agua subterránea mediante galerías se utilizaba antiguamente e incluso en algunas regiones de España (Islas Canarias y sur peninsular) existen todavía y consiste en realizar una galería en una ladera con cierta pendiente para que el agua captada fluya por gravedad.

En el caso de que el nivel freático sea poco profundo, se pueden realizar zanjas lineales de escasa profundidad que permita llegar hasta el nivel de saturación. A continuación, se introduce una tubería filtrante con orificios y se procede al relleno de piedras o grava que permitan el filtrado y el paso de agua hacia dentro de la conducción. En este caso, el agua se puede extraer por gravedad si el terreno tiene pendiente suficiente o a través de una bomba.

Sistema de galerías

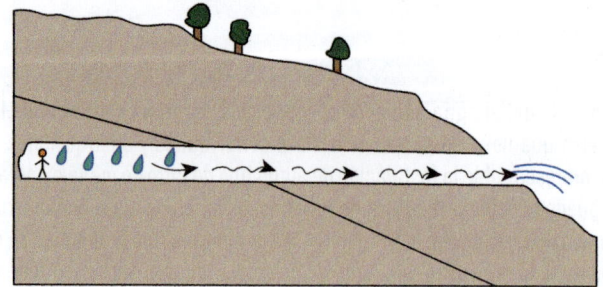

Sistema de zanjas lineales

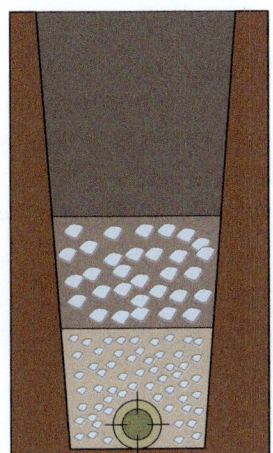

El sistema de drenaje por tuberías enterradas y colectores es un método eficaz de aprovechamiento del agua pluvial que se infiltra en el terreno. Además de ayudar a evacuar el exceso de agua del suelo y evitar su encharcamiento, puede aprovecharse y derivarse por medio de conducciones hacia una pequeña balsa o estanque para su almacenamiento.

La construcción de un pozo para captar agua subterránea de un acuífero es una opción conocida y practicada en la inmensa mayoría de las explotaciones. Para ello, se requiere una excavación previa del terreno hasta un nivel de profundidad óptimo para garantizar el suministro de agua. Para la extracción del agua se requiere una bomba de aspiración o sumergible que la impulse hacia la superficie a través de una conducción, donde puede ser almacenada en un depósito.

Importante

Los pozos requieren de un revestimiento de obra (piedra natural, ladrillos, anillos de hormigón prefabricados etc.) para sustentar las paredes.

La captación de agua por sondeo es la técnica de captación de agua en profundidad más demandada. Respecto a los pozos tradicionales, tienen la ventaja de ocupar menos superficie y profundizar más metros, por lo que se utilizan fundamentalmente cuando el nivel del acuífero está bastante profundo. Un sondeo se caracteriza porque la bomba y la conducción necesaria para impulsar el agua hacia arriba está dentro ("entubada") de una tubería con perforaciones y rejillas que hace de filtro, y a la vez sustenta la pared de la perforación.

Importante

Los sondeos pueden colmatarse más fácilmente que los pozos al tener menor superficie de filtrado.

Actividades

20. Enumerar las técnicas que existen para realizar un sondeo.

14. Comprobación de funcionamiento de instalaciones

Una de las instalaciones más importantes en las explotaciones agrarias junto al sistema eléctrico es sin duda el sistema de riego. En función de la especie frutal y de su desarrollo radicular, en España la supervivencia de las plantaciones durante los meses de calor depende de su correcto funcionamiento. Se deben realizar comprobaciones periódicas sobre los elementos que integran el cabezal de riego como a toda la red de distribución, incluidos los emisores.

En relación al mantenimiento de los elementos del cabezal de riego, el equipo de filtrado requiere de un mantenimiento regular basado en su limpieza, si no son autofiltrantes. En el equipo de fertirrigación, se debe revisar y calibrar la sonda de la conductividad eléctrica como la del pH semanalmente.

El mantenimiento de la red de riego y emisores se detallan en la siguiente tabla.

Mantenimiento de red de tuberías	Abrir los finales de las tuberías y hacer circular agua para su limpieza
	Hacer circular agua y revisar la red de tuberías para detectar fugas
	Al final de la temporada de riego vaciar de agua las tuberías
Mantenimiento de emisores	Inspeccionar si todos los goteros aportan agua al suelo
	Regular y revisar el caudal de salida de los emisores
	Mantenimiento de limpieza de los goteros mediante productos ácidos

15. Normas medioambientales y de prevención de riesgos laborales

Desde la Unión Europea se está impulsando la protección del medio ambiente por medio de la producción de numerosa legislación que obliga a los estados miembros, incluida España, a transponer leyes en este sentido. Esta normativa en favor del medio ambiente se centra en varios ámbitos, como son la protección de la calidad del aire y el agua, la conservación de los recursos y de la biodiversidad, la gestión de los residuos y de las actividades con posibles efectos perjudiciales.

Importante

El hombre obtiene del medio ambiente todos los recursos esenciales para su vida y tiene la obligación de mantenerlo y explotarlo de forma razonable y sostenible para futuras generaciones.

Algunas de las directivas europeas más importantes que afectan al sector agrario y que tienen su transposición en la legislación española son:

- Directiva 91/676/CEE de Protección de las aguas contra la contaminación por nitratos utilizados en la agricultura.
- Directiva 2000/60/CE Marco del Agua por la que se establece un marco comunitario en el ámbito de la política de aguas.
- Directiva 86/278/CEE de Protección del medio ambiente y, en particular, de los suelos en la utilización de los lodos de depuradora en agricultura.
- Directiva (UE) 2018/850 del Parlamento Europeo y del Consejo, de 30 de mayo de 2018, por la que se modifica la Directiva 1999/31/CE relativa al vertido de residuos.
- Directiva 92/43/CE de 21, de mayo de 1992, relativa a la conservación de los hábitats naturales y de la fauna y flora silvestres.
- Directiva 2009/128/CE del parlamento europeo y del consejo de 21 de octubre de 2009, por la que se establece el marco de la actuación comunitaria para conseguir un uso sostenible de los plaguicidas.

En relación a la prevención de riesgos laborales, la normativa europea ha establecido la base de la conocida norma española (Ley 31/1995, de 8 de noviembre) de prevención de riesgos laborales mediante las Directivas 89/391/CEE, relativa a la aplicación de las medidas para promover la mejora de la seguridad y de la salud de los trabajadores en el trabajo, Directiva 91/383/CEE del Consejo, de 25 de junio de 1991, por la que se completan las medidas tendentes a promover la mejora de la seguridad y de la salud en el trabajo de los trabajadores con una relación laboral de duración determinada o de empresas de trabajo temporal, Directiva 92/85/CEE del Consejo, de 19 de octubre de 1992, relativa a la aplicación de medidas para promover la mejora de la seguridad y de la salud en el trabajo de la trabajadora embarazada, y la Directiva 94/33/CE del Consejo, de 22 de junio de 1994, relativa a la protección de los jóvenes en el trabajo.

Otras normas europeas que afectan al sector agrario son:

- Directiva 2009/104/CE del Parlamento Europeo y del Consejo, de 16 de septiembre de 2009, relativa a las disposiciones mínimas de seguridad y de salud para la utilización por los trabajadores en el trabajo de los equipos de trabajo.
- Directiva 2006/42/CE del Parlamento Europeo y del Consejo, de 17 de mayo de 2006, relativa a las máquinas.
- Reglamento (UE) n.º 168/2013 del Parlamento Europeo y del Consejo, de 15 de enero de 2013, relativo a la homologación de los vehículos de dos o tres ruedas y los cuatriciclos, y a la vigilancia del mercado de dichos vehículos.
- Reglamento (UE) n.º 167/2013 del Parlamento Europeo y del Consejo, de 5 de febrero de 2013, relativo a la homologación de los vehículos agrícolas o forestales, y a la vigilancia del mercado de dichos vehículos.
- Reglamento (UE) 2018/858 del Parlamento Europeo y del Consejo, de 30 de mayo de 2018, sobre la homologación y la vigilancia del mercado de los vehículos de motor y sus remolques y de los sistemas, los componentes y las unidades técnicas independientes destinados a dichos vehículos, por el que se modifican los Reglamentos (CE) n.º 715/2007 y (CE) n.º 595/2009 y por el que se deroga la Directiva 2007/46/CE.
- Directiva 2009/127/CE del Parlamento Europeo y del Consejo, de 21 de octubre de 2009, por la que se modifica la Directiva 2006/42/CE en lo que respecta a las máquinas para la aplicación de plaguicidas.

 Importante

El Instituto Nacional de Seguridad y Salud en el Trabajo (INSST) dispone de una página web específica para el sector agrario donde podrá encontrar información relevante sobre prevención de riesgos laborales de este sector.

■ Directiva 2009/127/CE del Parlamento Europeo y del Consejo, de 21 de octubre de 2009, por la que se modifica la Directiva 2006/42/CE en lo que respecta a las máquinas para la aplicación de plaguicidas.

16. Resumen

Antes de hacer efectiva la plantación de los árboles es recomendable realizar ciertas medidas de preparación del suelo y construcción de infraestructuras básicas. Entre las labores de preparación del suelo es preciso empezar por una limpieza del suelo, eliminando piedras gruesas, malas hierbas, raíces de anteriores cultivos y, en general, todo obstáculo que impida la posterior labor de plantación del suelo. Posteriormente a esta labor es conveniente realizar una nivelación del terreno para poder realizar de forma homogénea las labores profundas y superficiales del terreno.

Estas labores profundas tienen como objetivo romper las capas del subsuelo compactadas que puedan limitar la exploración y el crecimiento de las raíces. En el caso de las labores superficiales se trabaja alrededor de unos 15 cm de profundidad del terreno, y entre sus finalidades se encuentran la fragmentación de los terrones originados por la labor primaria. En años sucesivos normalmente son las únicas que se realizan entre las calles de los frutales. La aplicación del abonado de fondo y enmiendas debe ser una tarea complementaria a la preparación del suelo, cuyo objetivo es aportar nutrientes suficientes para el desarrollo inicial de los frutales.

En cuanto al tema de construcciones básicas se debe decidir si se realizan ciertas infraestructuras y cómo se van a diseñar. El sistema de drenaje debe plantearse cuando hay un exceso de humedad en el subsuelo o simplemente porque se quiere aprovechar el agua que se infiltra. El diseño del sistema de riego es un factor importante para el futuro éxito de la plantación y debe constar de unos elementos básicos, que son el cabezal de riego, la red de distribución y los goteros. En relación al sistema eléctrico se debe tener claro su diseño para facilitar el buen funcionamiento de la explotación. Otras muchas decisiones como poner cortavientos o el tipo de cierre también deben incluirse en esta fase de preparación del terreno.

Ejercicios de repaso y autoevaluación

1. Busque seis nombres de aperos en la siguiente sopa de letras.

E	S	B	A	V	I	N	O	D	F
C	U	L	T	I	V	A	D	O	R
R	B	A	R	B	E	T	I	N	E
I	S	M	A	R	R	U	F	E	S
M	O	G	U	O	T	I	E	Y	A
A	L	I	C	C	E	D	C	A	D
X	A	Z	A	U	D	A	H	T	O
O	D	I	P	L	E	S	I	O	R
N	O	R	A	T	R	O	S	E	A
U	R	A	M	O	A	T	E	L	P
S	E	M	I	R	R	O	L	O	S

2. Complete la siguiente oración.

Las labores profundas de preparación del suelo para una posterior plantación de ár-boles frutales tienen como objetivo _____ las capas del subsuelo compactadas que puedan limitar la _____ y el crecimiento de las raíces. De esta manera se favorece la infiltración del agua (reserva de agua), su _____ y los intercambios gaseosos en la zona radicular.

3. Complete la siguiente oración.

Las labores superficiales de preparación del suelo para la plantación de los frutales, complementan la acción de las labores _____, aunque en años posteriores normalmente son las únicas que se realizan entre las calles de frutales. Esta labor alcanza alrededor de los _____ cm de profundidad y entre sus finalidades se encuentran la fragmentación de los terrones originados por la labor _____, descompactación, aireación del terreno, _____ de las malas hierbas e incluso la incorporación y _____ del abono con el suelo.

4. Clasifique los siguientes aperos en función del tipo de labor: profunda o superficial: subsolador, grada de púas, chisel, vibrocultor, grada de discos, arado de vertedera, cultivador, arado de discos, grada rodante y rotocultor.

_____
_____
_____
_____

5. Dibuje esquemáticamente el sistema de drenaje en "espina de pescado".

_____
_____
_____
_____

6. Enumere dos ventajas y dos inconvenientes de los drenajes superficiales.

_____
_____
_____
_____

7. Exponga al menos dos motivos por los que se justifique la implantación de cortavientos en una explotación.

8. Enumere los distintos tipos y funciones de rejas que pueden presentar los cultivadores.

9. La vertedera tipo "topo", ¿se utiliza para realizar una labor profunda al igual que un subsolador?

10. ¿Qué es en una acometida?

11. ¿Qué función tienen los materiales envolventes en los sistemas de drenaje de tuberías?

12. Enumere los distintos sistemas que existen para la captación del agua en el suelo.

_____

_____

_____

_____

13. ¿Qué elementos básicos contiene el cuadro general de mando y protección?

_____

_____

_____

_____

14. ¿A qué hace referencia la derivación individual?

_____

_____

_____

_____

15. ¿Qué establece la Directiva 2009/128/CE del parlamento europeo y del consejo de 21 de octubre de 2009?

_____

_____

_____

_____

Capítulo 2
Plantación

Contenido

1. Introducción

Los gastos de inversión y las consecuencias de una mala planificación y ejecución de una plantación frutal requieren del estudio pormenorizado de ciertas variables que pueden afectar al éxito o fracaso de la misma. El análisis del lugar de plantación con sus condiciones agroclimáticas es fundamental para la elección de la especie frutal, variedad y patrón, de manera que el material vegetal empleado garantice una buena implantación y producción.

La respuesta a las preguntas, ¿qué plantar?, ¿cómo plantar?, ¿qué tipo de plantación a realizar? Deberían contestarse de forma razonada y contrastando distintas opciones. En muchas ocasiones, los errores cometidos durante la etapa de planificación y ejecución de la plantación no se aprecian hasta que el cultivo entra en producción. Por tanto, es conveniente atrasar la ejecución de la plantación, el tiempo necesario hasta que se hayan tenido en cuenta los aspectos socioeconómicos, geográficos, climáticos o edafológicos. Además no solo es importante la planificación de la plantación, sino también la propia ejecución con las operaciones necesarias de la misma que se desarrollan a continuación.

2. Especies y variedades de árboles frutales

Son muchas las decisiones a tener en cuenta a la hora de planificar una plantación frutal. Una de las más importantes, sin duda, es la elección de la especie y variedad de los árboles frutales, ya que junto al patrón influirá sobre el rendimiento y calidad de las cosechas.

Con el objetivo de ayudar en esta decisión, se describen a continuación distintas especies frutales y variedades más importantes cultivadas en España.

2.1. Descripción botánica, características agronómicas y comerciales de las principales especies y variedades de frutales de pepita

Dentro de las principales especies de pepita se encuentran el peral *(Pyrus communis)* y el manzano *(Malus domestica).* Ambas especies se engloban dentro del orden Rosales y la familia Rosaceae.

El peral

El peral es una especie frutal de hoja caduca adaptada a climas templados con pluviometrías importantes, y con distintas necesidades de frío en función de sus variedades. Resiste en estado de reposo temperaturas superiores a menos 20 ºC, siendo más sensible a las heladas y lluvias primaverales. Presentan un sistema radicular más bien superficial, por lo que no requieren terrenos de gran profundidad. En terrenos calizos no es aconsejable el uso de patrones de membrillero por su limitación de absorción del hierro.

En función de la época de recolección, las variedades de peral pueden ser de verano o de otoño-invierno. Entre las denominadas de verano y en orden de maduración de los frutos se encuentran:

- **La variedad "Castell":** que se caracteriza por ser la primera en madurar, presenta frutos pequeños y de muy buenas propiedades organolépticas. Son árboles poco vigorosos, de entrada lenta en producción y con pocas necesidades de frío.
- **La variedad "Ercolini":** entra en producción rápidamente, necesita poco frío y es sensible a las condiciones climáticas adversas durante la primavera. Los frutos, que maduran entre mediados y finales de julio, son de calibre medio, de buen sabor y con buenas cualidades comerciales.
- **La variedad "Limonera":** se caracteriza por sus frutos grandes; tienen la pulpa de textura granulosa y puntos verdes sobre la piel que maduran a mediados de julio y principios de agosto.
- **La "Blanquilla":** es una variedad de gran porte, de floración temprana, y por tanto sensible a heladas tardías. Sus frutos con la piel de color verde claro maduran a mediados de agosto y presentan muy buenas cualidades comerciales por su capacidad de conservación en frío.

■ **La variedad "William's":** necesita climas fríos y tiene una alta productividad. Sus frutos maduran a finales de agosto, suelen ser grandes y alargados, y se utilizan especialmente para la industria.

Entre las variedades de otoño-invierno, la más importante es la "Conference" que se caracteriza por ser de vigor medio, de rápida entrada en producción y productivo. Sus frutos maduran a finales de septiembre, se pueden conservar durante varios meses, bajo condiciones controladas y suelen ser grandes, alargados y de piel verde con manchas de color marrón claro.

Árbol del peral

El manzano

El manzano es una especie frutal de hoja caduca que al igual que el peral requiere climas templados, necesidades de horas de frío alrededor de las 700 - 1.000 h por debajo de los 7 ºC, y altitudes de 600 a 1.000 m sobre el nivel del mar. Florecen un poco más tarde que los perales, por lo que les afectan menos las heladas tardías, siendo igualmente sensibles si estas se producen. También disponen de un sistema radicular superficial, pero se adapta a la mayoría de los terrenos.

Las distintas variedades del manzano se distinguen a menudo por el color del fruto, que puede ser amarilla, roja, mezcla de los anteriores colores, verdes, etc.

Entre las variedades de piel amarilla destaca la "Golden delicious" por su adaptación a distintas regiones de cultivo, por su alta productividad y por sus frutos de color amarillo dorado que maduran a mediados de septiembre.

Nota

La "Golden delicious" es una variedad que permite su conservación en frío o en atmósfera controlada durante muchos meses.

Las principales variedades con la piel roja son "Early red one" y "Red chief o starking". La primera es de pequeño porte, de entrada rápida en producción, alta productividad y con frutos de forma troncocónica característica. La segunda tiene características muy parecidas, pero la pulpa es menos aromática y el contenido en ácidos es menor. Ambas variedades maduran a finales de verano. Dentro del grupo de las manzanas rojas destaca la variedad *starking* de piel rojiza con estrías verdosas en su parte superior. Su pulpa es dulce, blanca amarillenta y crujiente.

Nota

Los frutos de la variedad "Red chief o starking" presentan forma troncocónica con 5 lóbulos definidos perfectamente en su base.

El fruto de la "Royal gala" es muy dulce, algo crujiente y de piel roja con zonas amarillas que madura a mediados de agosto. Permite su conservación durante meses. La variedad "Fuji" tiene una entrada rápida en producción, muy productiva en años alternos y el fruto tiene una forma redondeada y piel roja con zonas verdosas amarillas; su maduración empieza a mediados de octubre.

Una de las variedades más importantes de manzanas verdes es la "Granny smith" de forma redonda, con puntos blancos sobre la piel, pulpa blanca de sabor ácido y crujiente; madura a principios de octubre.

En España algunas variedades utilizadas para la elaboración de sidra son la "Blanquina", "Carrió", "Clarina", "Collaos", "Coloradona", "De la riega", "Durona", "Perico", "Solarina", etc.

Árbol del manzano

2.2. Descripción botánica, características agronómicas y comerciales de las principales especies y variedades de frutales de hueso

En el grupo de las principales especies y variedades de frutales de hueso se encuentra el albaricoquero *(Prunus armeniaca)*, el cerezo *(Prunus avium)*, el ciruelo japonés *(Prunus salicina Lindl.)* y el ciruelo europeo *(Prunus domestica)* y el melocotonero *(Prunus persica)*. Estas especies frutales se incluyen en el orden *Rosales*, familia *Rosaceae*, subfamilia *Amygdaloideae* y género *Prunus*.

El albaricoquero

El albaricoquero es un árbol de hoja caduca que requiere pocas horas de frío, por debajo de los 7 °C (400 h - 900 h). Por su floración temprana se adapta bien a climas templados cálidos donde no suelen existir problemas de heladas, y además necesitan temperaturas cálidas para la maduración del fruto. Además precisa de suelos profundos de textura media, no encharcadizos y buena permeabilidad.

Nota

El albaricoquero, además del consumo en fresco, se utiliza en almíbar, mermeladas, orejones, etc.

Existen variedades de albaricoqueros precoces, intermedias y tardías. En orden de maduración la variedad "Currot" es la más precoz, aunque el fruto suele ser de poco calibre.

La variedad "Canina" es típica de la región mediterránea. Sus frutos son de un calibre medio, de piel amarilla anaranjada, no muy aromáticos y maduran a principios de junio.

La variedad "Bulida" es una de las más importantes de España. Se caracterizan por ser árboles vigorosos de alta producción con frutos medianos de forma ovaladas que maduran unos días después de la "Canina".

Árbol del albaricoque

El cerezo

El cerezo es una especie frutal caducifolio, adaptado a climas templados e incluso templados-cálidos, que requiere muchas horas de frío (900 h - 1.800 h), de forma que florece más tarde que muchos otros frutales, aunque desde la fase de floración hasta la maduración del fruto no es excesivamente larga. Además, es el único fruto de hueso que debe permanecer en el árbol hasta su maduración, ya que una vez recolectado, no continua su proceso de maduración. Prefiere suelos profundos, con buena profundidad y con escaso contenido de caliza.

 Nota

La cereza es la primera fruta procedente de frutales de hueso que entra en el mercado.

 Nota

En climas cálidos son usuales las plantaciones de regadío del cerezo, por la necesidad de agua durante el verano.

En cuanto a sus variedades, las hay desde muy tempranas hasta muy tardías. La variedad "Burlat" es temprana, vigorosa, de porte erguido, de fruto grande, pulpa roja oscura, muy dulce y madura a mediados de mayo.

La variedad "Ambrunés" es la variedad más cultivada en el Valle del Jerte, con la epidermis del fruto de color negro, la pulpa roja, de sabor muy dulce y de maduración tardía a principios de julio.

Árbol del cerezo

? **Sabía que...**

Solo hay cinco variedades certificadas por la Denominación de Origen Protegida del Valle del Jerte que son: "Pico limón negro", "Pico negro", "Pico colorado", "Ambrunés" y "Navalinda".

El ciruelo

Los ciruelos son árboles frutales de hoja caduca que se diferencian por la procedencia de sus variedades. Las variedades europeas están adaptadas a climas templados y requieren más horas de frío (800 h - 1.300 h por debajo de 7 ℃) respecto a las variedades japonesas y americanas, que se desarrollan en climas templados-cálidos.

En relación al suelo, son sensibles a la salinidad, al encharcamiento y a la clorosis férrica en terrenos de textura arcillosa y pH básico. No requieren suelos excesivamente profundos por su sistema radicular algo superficial.

Las variedades más importantes de ciruelo son las siguientes:

- **La variedad "Golden japan":** es la más importante en España por su superficie cultivada. Es muy productivo, con el fruto de piel amarilla ligeramente brillante, de pulpa muy jugosa y muy dulce. Maduran a finales de junio y son resistentes a la manipulación.
- **La variedad "Black diamond":** de origen americano es un árbol muy vigoroso con el fruto grande, piel de color violeta oscuro y pulpa rojiza que madura a mitad de julio.
- **La "Santa rosa":** es una variedad también americana que presenta frutos con la piel roja púrpura, pulpa amarilla rosácea y ligeramente ácida junto a la piel y amarga junto al hueso. Madura a mediados de julio.
- **La "Reina claudia de Bavay":** se caracteriza por tener el fruto de color verde claro y pulpa amarilla verdosa; es dulce, no muy jugosa y de buena calidad gustativa. Madura a principios de septiembre y es de origen europeo.

Otras variedades son "President", "Black gold", "Red beauty", "Reina claudia verde", "Reina claudia de Oullins", "Stanley", etc.

Árbol del ciruelo

 Actividades

1. Buscar información sobre qué es la pruina e indicar algunos frutos que la contienen.
2. ¿A qué frutal hace referencia el nombre albarillo?
3. ¿En qué consiste y para qué se realiza el aclareo de frutos?

El melocotonero

El melocotonero es un frutal caducifolio de climas templados no muy resistente al frío. De hecho, no necesita muchas horas de frío (400 h – 800 h por debajo de los 7 ºC). Para una producción adecuada en la región mediterránea es conveniente aportar agua de riego durante el verano, si no suelen existir precipitaciones. Este frutal requiere suelos profundos, con buena permeabilidad, ya que son muy sensibles al encharcamiento, al igual que a horizontes calizos.

Es difícil destacar qué variedades de melocotonero son las más importantes, ya que además de existir infinidad de ellas, se obtienen nuevas con cierta frecuencia. Normalmente las variedades de melocotonero se distinguen en base al color de la pulpa: blancas o amarillas.

Entre las variedades de pulpa blanca se pueden citar: "Alexandra", "Spring white", "Starlite", "Maravilha", "María blanca", "Mireille", "Gladys", "Dorothee", etc. Algunas de las variedades de pulpa amarilla son: "Baby gold", "Springcrest", "Maycrest", "Queencrest", "Flordastar (sherman)", "Calanda", "Elegant lady", etc.

Árbol del melocotonero

Actividades

4. ¿A qué grupo de frutales pertenece la nectarina? ¿Cuál es su nombre científico?
5. ¿A qué grupo de frutales pertenece el paraguayo? ¿Cuál es su nombre científico?
6. ¿En qué se diferencian las nectarinas y el paraguayo respecto al melocotonero?
7. ¿Cuáles son las principales plagas de los frutales de hueso?

2.3. Descripción botánica, características agronómicas y comerciales de las principales especies y variedades de agrios

Las especies de agrios o cítricos más importantes por la superficie cultivada se incluyen en el orden *Sapindales*, familia *Rutáceas,* subfamilia *Aurantiodeas* y género *Citrus*.

Nota

El nombre de cítricos se debe a que la mayor parte de las especies de este grupo pertenecen al género *Citrus*. Existen otros dos géneros incluidos en los agrios llamados *Fortunella* y *Poncirus.*

Las especies del género *Citrus* son todas las especies de hoja perenne y algunas de las más importantes, tanto para el consumo en fresco como para la elaboración de zumo, son: naranjo dulce, mandarino, limonero, pomelo, lima, cidro, naranjo amargo, etc.

El factor limitante para el cultivo de los cítricos son fundamentalmente las bajas temperaturas, y por ello se localizan en climas templados-cálidos, tropicales y subtropicales. Las necesidades hídricas de los cítricos son importantes y, en España, la pluviometría anual no suele cubrir dichas necesidades, por lo que en los cultivos de cítricos normalmente se debe disponer de un sistema de riego.

Estos árboles frutales pueden crecer satisfactoriamente en muchos tipos de suelo, pero en suelos arcillosos, calizos y salinos el rendimiento del cultivo decrece considerablemente. Aunque demanden gran cantidad de agua, son también sensibles al encharcamiento prolongado, por lo que prefieren suelos francos, permeables y profundos.

Nota

En suelos calizos los cítricos no pueden absorber el hierro del suelo por estar bloqueado, provocando deficiencias de este nutriente.

Actividades

8. ¿Cuál es la única especie de hoja caduca de los cítricos?
9. ¿Cuáles son las principales plagas de los cítricos?
10. ¿Cuáles son las principales enfermedades de los cítricos?
11. ¿Qué es la tristeza de los cítricos? ¿Qué la causa?
12. ¿La mosca de la fruta afecta a los cítricos?

El naranjo dulce

Las variedades de naranjo dulce *(Citrus x sinensis)* se pueden englobar bajo tres grupos: navel, blancas y de sangre.

Las variedades del grupo navel se caracterizan por presentar en la base de las naranjas una especie de ombligo y carecer los frutos de semillas.

 Nota

En inglés navel significa ombligo y realmente es un segundo fruto que no se ha desarrollado.

Algunas de las más importantes son la "Navelina" de maduración precoz a finales de octubre; "Washington navelina" que madura a principios de diciembre; y "Navelate" que es parecida a la anterior, pero de maduración más tardía, (principios de enero) al igual que la "Lanelate".

 Nota

Otras variedades de naranja del grupo navel son "Barnfield late", "Caracara", "Fukumoto", "Newhall", "Powell summer", "Ricalate", "Rohde summer", "Thomson", etc.

Las del grupo blancas se caracterizan por ser vigorosas, carecer de "ombligo", producir rendimientos irregulares en años alternos y algunas de las variedades contienen semillas en sus frutos. Entre ellas destacan la "Salustiana" que madura a partir de diciembre y "Valencia late" que lo hace en marzo. Otras variedades son "Barberina", "Berna", "Cadenera", "Castellana", "Comuna", "Delta seedless", "Macetera", "Midknight", "Pera", "Peret", "Sucreña", "Vicieda", etc.

En los últimos años, la superficie dedicada al cultivo de variedades del grupo de sangre ha descendido considerablemente. En general, tienen un contenido alto de zumo y se diferencian por el color rojizo no uniforme de su pulpa. Algunas variedades de este grupo son: "Doblefina", "Entrefina" y "Sanguinelli", "Tarocco rosso", etc.

Árbol del naranjo

El mandarino

El término mandarino incluye varias especies que se definen en tres grupos principales de variedades: clementinas, satsumas e híbridos.

El grupo de variedades de clementinas presentan, por lo general, frutos de menor tamaño y maduraciones más tardías. Entre las clementinas se pueden encontrar numerosas variedades: "Clementina fina", "Arrufatina", "Basol", "Beatriz de Anna", "Clemenpons", "Clementard", "Clernenrubi", "Clemenules", "Esbal", "Hernandina", "Loretina", "Marisol", "Monreal", "Nour", "Oranules", "Orogros", "Oroval", "Prenures", "Tomatera", etc., originadas por mutaciones espontáneas unas de otras, y cuyo origen inicial es la mandarina común *(Citrus reticulata)*.

Época de maduración de variedades de mandarinos clementinas

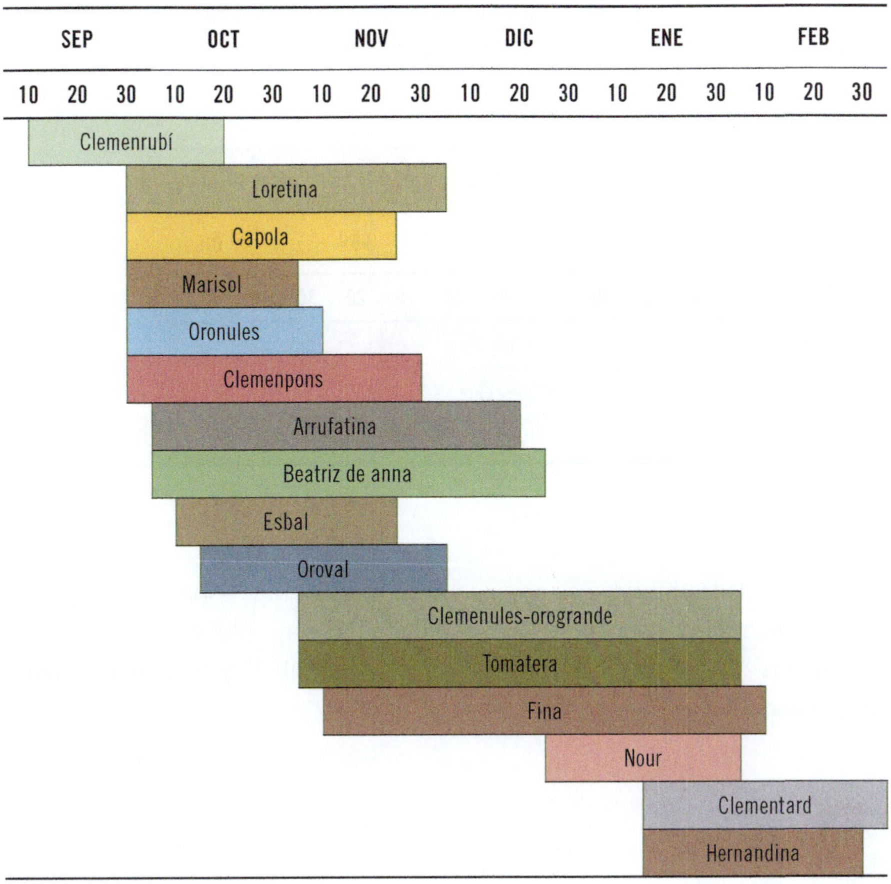

	SEP			OCT			NOV			DIC			ENE			FEB	
10	20	30	10	20	30	10	20	30	10	20	30	10	20	30	10	20	30

Clemenrubí

Loretina

Capola

Marisol

Oronules

Clemenpons

Arrufatina

Beatriz de anna

Esbal

Oroval

Clemenules-orogrande

Tomatera

Fina

Nour

Clementard

Hernandina

Nota

El grupo de variedades de clementinas se originan por mutaciones de la clementina fina que a su vez se originó del mandarino común *(Citrus reticulata)*.

Las variedades del grupo satsuma tienen una maduración más precoz, frutos de mayor tamaño y menor calidad organolépticas. Se pueden citar de este grupo: "Owari", "Clausellina", "Okitsu wase", etc.

Época de maduración de variedades de mandarinos satsumas											
SEP			OCT			NOV			DIC		
10	20	30	10	20	30	10	20	30	10	20	30

Okitsu

Clausellina

Satsuma owari

Las variedades híbridas se originan al cruzar distintas especies del género citrus de una forma natural o con la ayuda del hombre. Algunos ejemplos son los híbridos "Ellendale", "Fortune", "Nova (clemenvilla)" y "Ortanique", aunque existen muchos más.

Ejemplo

Los mandarinos híbridos son el resultado del cruce entre dos mandarinos; los tangelos surgen del cruce de pomelo con mandarino. Al grupo tangor se le denomina al cruce entre mandarino y naranjo dulce.

Otras variedades híbridas de mandarinas son "C-1º", "D-19", "Encare", "Kara", "Kng", "Minneola", "Moneada", "Nadorcott", "Primosole", "Wilking", "Winola", "Y-25", etc.

Árbol del mandarino

El limonero

El limonero *(Citrus x limon)* presentan dos variedades que ocupan la mayor parte de la superficie dedicada a este cultivo, que son la variedad "Verna" y fino.

La variedad "Verna" se caracteriza por ser vigorosa, poseer pocas espinas, por su contenido de zumo, por contener escasas semillas y por florecer varias veces al año.

 Nota

La variedad "Verna" normalmente tiene una floración principal desde marzo a mayo y otras menos importantes en junio y entre agosto y septiembre.

La variedad "Fino" suele ser de mayor tamaño que la anterior, con espinas, con más semillas en los frutos y zumo con mayor grado de acidez. Por el contrario, es más precoz en su maduración y muy productiva, floreciendo abundantemente una vez al año (a veces se produce una segunda floración muy escasa en verano).

Otras variedades son "Eureka", "Lisbon", etc.

Árbol del limonero

Época de maduración de variedades de limoneros																							
OCT			NOV			DIC			ENE			FEB			MAR			ABR			MAY		
10	20	30	10	20	30	10	20	30	10	20	30	10	20	30	10	20	30	10	20	30	10	20	30

Eureka
Fino
Lisbon
Verna

Actividades

13. Citar más especies frutales clasificadas dentro de los agrios.

2.4. Descripción botánica, características agronómicas y comerciales de las principales especies y variedades de frutos secos

Las especies de frutos secos no pertenecen a un género concreto con iguales características botánicas y fisiológicas, si no que se engloban bajo este grupo los árboles comercializados por sus semillas.

Ejemplo

El almendro realmente debería estar englobado dentro de los frutales de hueso.

Las principales especies consideradas como frutos secos son el almendro, avellano, nogal, castaño y pistachero.

El almendro

El almendro es una especie de hoja caduca *(Prunus dulcis)* perteneciente al orden *Rosales,* familia *Rosaceae* que prefiere climas cálidos o templados, al no necesitar más de 500 h de frío por debajo de los 7° C. No son muy exigentes en necesidades hídricas, pero su rendimiento mejora notablemente con el riego en zonas de pluviometría por debajo de los 500 mm anuales.

Nota

En climas fríos y por la precocidad de su floración y fructificación, existe una mayor probabilidad de sufrir daños por heladas primaverales.

Es una especie que en muchas zonas de España se cultiva en secano, al adaptarse a suelos pobres, secos y pedregosos, calizos o incluso salinos. Por el contrario, es muy sensible al encharcamiento del terreno.

Aunque existen variedades de almendros de semillas amargas y distinta dureza de la cáscara, en España predominan los de semilla dulce y cáscara dura. Por ejemplo, las variedades "Marcona" y "Desmayo largueta", son las más implantadas por la calidad de los frutos y su gran rendimiento. Sin embargo, existen otras muchas más, como: "Ferragnes", "Ramillete", "Garrigues", "Ferraduel", "Atocha", "Peraleja", "Planeta", "Guara", "Tuono", "Genco", "Cartayera", "Cid", "Masbovera", "Glorieta", "Francolí", etc.

Árbol del almendro

El avellano

El avellano *(Corylus avellana)* es un árbol de hoja caduca que se clasifica dentro del orden *Fagales,* familia *Betulaceae* y subfamilia *Corylus.*

Por sus necesidades de agua, humedad y por su sensibilidad a las altas temperaturas y sequía, se adapta mejor a climas templados con pluviometrías superiores a 700 mm anuales.

En cuanto al suelo, prefiere suelos de textura franca, permeables, sin salinidad y sin presencia de horizontes calizos.

Las variedades más importante por superficie cultivada de España es la "Negret", que se caracteriza por ser de pequeño porte, muy productivo y fruto reconocido por su gran calidad. Otras variedades de avellano son "Pauetet", "Gironell", "Morell", "Culplá", "Tonda di giffoni", "Ennis", etc.

Árbol del avellano

El nogal

El nogal se incluye en el orden *Fagales,* familia *Juglandaceae* y género *Juglans.*

Existen varias especies de nogales con nueces comestibles, pero el más importante en España es el nogal europeo *(Juglans regia).* Esta especie caduca de gran tamaño y altura necesita crecer en climas templados con pluviometrías próximas a los 700 mm anuales.

En el caso de plantaciones en secano, por debajo de esta pluviometría es necesario instalar riego. Por su gran porte, necesita suelos muy profundos, de textura franca y permeables para evitar encharcamientos que provoquen la asfixia radicular. Es muy sensible a la salinidad.

 Nota

Existen varias especies de nogales con nueces comestibles como *Juglans cinerea* (nogal ceniciento), *Juglans nigra* (nogal negro) y *Juglans californica* (nogal de California).

En relación a sus variedades, estas se pueden dividir en función de su
origen: francesas, americanas (de California y de Oregón), centroeuropeas y
algunas españolas.

Entre las francesas destacan la "Franquette" y "Fernor". Otras son "Grand-
jean", "Marbot", "Corne", "Mayette", "Parisienne", "Chaberte", "Candelou",
"Meylannaise", "Ronde de Montignac", etc. De americanas se encuentran:
"Serr", "Chandler", "Hartley", "Vina", "Tehama", "Swar", "Payne", "Pio-
neer", "Chico", "Sunland", etc., que son de California; y de Oregón "Adams-
10", "Spurgeon", "Chase D-9", etc.

Algunas de las centroeuropeas son "Sibisel-39" y "Geisenheim-139",
mientras que en España las variedades provienen de la zona de Levante y
Cataluña, destacando "Cerdá", "Villena", "Escrivá", "Onteniente", "Sendra",
"Baldo II", "Carcagente", etc.

Árbol del nogal

El castaño

El castaño *(Castanea sativa)* es una especie caduca autóctona de las regiones mediterráneas clasificada dentro del orden *Fagales,* familia *Fagaceae,* y
género *Castanea.* Necesitan precipitaciones superiores a los 600 mm anuales
y temperaturas elevadas durante el desarrollo y maduración de los frutos; sus
frutos requieren del calor del verano para una buena maduración.

Esta especie está adaptada a suelos neutros o ligeramente ácidos, pero tolera incluso suelos con un porcentaje bajo de cal. Además, debe cultivarse en terrenos profundos, permeables y con unas cantidades mínimas de potasio.

Nota

El castaño puede desarrollarse sobre suelos graníticos.

En cada región española (Galicia, Asturias, Andalucía, etc.) existen variedades propias de cada una de ellas. Para la comercialización del fruto las variedades más comunes son: "Temprana", "Pilonga", "Negral", "Famosa", "Garrida", "Inxerta", "Planta alajar", "Capilla", "Helechal", etc.

Árbol del castaño

El pistachero

El pistachero *(Pistacia vera)* se engloba dentro del Orden *Sapindales,* familia *Anacardiaceae* y género *Pistacia.* Es una especie caduca y dioica donde los frutos aparecen únicamente en los pies femeninos. Está adaptado a distintos tipos de clima, templados, cálidos e incluso secos, ya que tolera tanto temperaturas invernales adversas, las máximas de estaciones estivales e incluso la sequía. Además, tolera los suelos calcáreos, de pH básico, salinos y no precisan de terrenos muy profundos.

Sin duda, la variedad más conocida es la "kerman" por el tamaño y calidad de sus frutos, su gran productividad, pero sin embargo, requiere una gran cantidad de horas de frío y presenta una producción irregular en años alternos.

Otras variedades de pistacho de pie femenino son: "Mateur", "Larnaka", "Napoletana", "Ashoury", "Avidon", "Avdat", "Aegina", etc. Las variedades de pie masculinos más frecuentes son: "Peter", "Askar", "Nazar", "Mateur M.", "M-38", "M-C", etc.

Árbol del pistachero

2.5. Descripción botánica, características agronómicas y comerciales de las principales especies y variedades de frutales subtropicales

En España el cultivo de especies subtropicales está limitado a determinadas regiones de España donde las temperaturas no suelen bajar de 10 °C. Las costas de Málaga, Granada, del Levante, junto a las Islas Canarias son fundamentalmente las principales zonas de producción de estos cultivos, entre los que se encuentran el aguacate, mango, chirimoyo, platanera, papaya, etc.

El aguacate

El aguacate *(Persea americana)* es una especie frutal perenne perteneciente al Orden *Laurales,* familia *Lauraceae* y género *Persea.* El cultivo del aguacate está limitado a climas donde no exista peligro de heladas, ya que su temperatura óptima oscila entre 15 y 30 ºC. Sin embargo, necesitan algunas horas de frío con temperaturas cercanas a 10 ºC para inducir la floración. También requieren cierta humedad ambiental y zonas de pluviometrías altas.

 Nota

Las plantaciones de aguacate en España se localizan fundamentalmente en regiones cálidas pero de escasa pluviometría, por lo que es necesaria la instalación de sistemas de riego.

Esta especie es además sensible a la salinidad, a suelos calcáreos y a la asfixia radical por encharcamiento. Requieren suelos profundos, con buen drenaje y textura no muy arcillosa. Debido a la gran demanda de potasio de esta especie, es conveniente que el suelo sea rico en este nutriente.

Las distintas variedades del aguacate se clasifican en una de las siguientes razas: mejicana, guatemalteca y antillana, aunque también existen muchos híbridos que se originan por cruzamiento de especies de distintas razas. En España la variedad más extendida se llama "Hass", que es muy productiva, y sus frutos de piel rugosa y color negro, cuando maduran, son de gran calidad.

Árbol del aguacate

Ejemplo

La variedad "Ettinger" es un híbrido de raza guatemalteca con mejicana, "Bacon" entre
raza mejicana y guatemalteca, al igual que la variedad "Fuerte".

El mango

El mango *(Mangifera indica)* es un árbol perenne que se incluye en el orden
Sapindales, familia *Anacardiaceae.* El factor más limitante para el cultivo del
mango es la temperatura, de forma que en invierno la temperatura no debe
bajar de los 15 ºC para garantizar la floración, y en verano se deben alcanzar
temperaturas cercanas a los 30 ºC para la maduración del fruto. No es muy
exigente en necesidades hídricas y en cuanto a suelos prefiere los profundos,
de pH neutro o ligeramente ácidos y permeables.

Aunque existen variedades de distintas partes del mundo, las utilizadas
en España son fundamentalmente las americanas: "Haden", "Irwin", "Keitt",
"Kensington", "Kent", "Edward", "Fascell", "Palme rojo", "Glenn", "Gouveia",
"Lippens", "Manzanillo", "Núñez", "Osteen", "Otts", "Sensation", "Tommy
Atkins", etc.

Árbol del mango

El chirimoyo

El chirimoyo *(Annona cherimola)* es un árbol subtropical semicaduco que se engloba en el orden *Magnoliales* y familia *Annonaceae*. Esta especie es sensible tanto a las bajas, como a las altas temperaturas, ya que puede afectarse la floración y maduración de los frutos. En relación al suelo, puede adaptarse tanto a los de textura arenosa como arcillosa, prefiriendo los permeables y de pH neutros.

Nota

En el chirimoyo las nuevas yemas no brotan sino se caen antes las hojas, por eso se dice que es semicaduco.

Importante

Un problema del cultivo del chirimoyo es la necesidad de realizar la polinización de forma manual por no existir un polinizador natural, no coincidir la maduración de los órganos masculinos y femeninos en el mismo tiempo y por los numerosos carpelos a fecundar.

La variedad más importante de chirimoyo en España es la "Fino de Jete", que se caracteriza porque sus frutos contienen una gran cantidad de azúcares solubles, las semillas están adheridas en receptáculos (originalmente carpelos), y la piel está impresa claramente por aureolas. Suele recolectarse desde mediados de octubre a finales de febrero.

Árbol del chirimoyo

 Sabía que...

España es el primer productor mundial de chirimoyas.

 Actividades

14. Citar más especies frutales clasificadas dentro de las especies subtropicales.
15. ¿Qué es la polinización?
16. ¿En qué consiste la polinización entomófila o anemófila?

3. Marcos de plantación. Factores que influyen sobre el lugar de plantación

El fruticultor debe tomar numerosas decisiones en la planificación de un proyecto de plantación frutal. Estas decisiones previas a la plantación deben estar fundamentadas en base a una serie de estudios que ayuden a reducir los márgenes de error.

Los correspondientes estudios consisten en analizar todos los factores que puedan influir de algún modo u otro a la explotación agrícola y que pueden resumirse en factores socioeconómicos, geográficos, climáticos y edafológicos.

3.1. Factores socioeconómicos

La existencia de mano de obra especializada en el manejo de un cultivo, junto a la tradición frutícola o experiencia durante años de una región en la producción de un determinado frutal son condicionantes que pueden ayudar a establecer una explotación agrícola en un sitio concreto. El precio del suelo también influye notablemente en la ubicación de la plantación, al igual que la superficie útil de la parcela, ya que la viabilidad de un proyecto frutal en muchos casos depende del coste por metro cuadrado de terreno y también de la superficie útil disponible.

El reconocimiento de un producto asociado a una región de producción por medio de un sello distintivo (denominación de origen, indicación geográfica protegida, etc.) puede afectar igualmente a la localización de la plantación de manera positiva y ayudar a vender posteriormente la producción frutícola.

3.2. Factores geográficos

Antiguamente la proximidad de la plantación a núcleos de población era importante por la fuente de mano de obra. Aunque en algunos tipos de plantaciones las cosechadoras mecánicas han reemplazado a un porcentaje alto de personal, aún sigue siendo importante el disponer de mano de obra cercana. Además hoy en día, el hecho de recoger manualmente el producto añade valor al producto y se asocia con productos de alta calidad para la exportación o para un cierto segmento del mercado nacional.

La cercanía a núcleos de población conlleva otro tipo de ventajas como la disponibilidad de servicios e infraestructuras que facilitan el transporte, almacenamiento y posterior venta de la producción.

Importante

Es importante localizar las plantaciones cerca de vías de comunicación y carreteras adecuadas, de almacenes con cámaras frigoríficas para su conservación, manipulación y envasado, de industrias transformadoras en el caso de que la producción se destine a este mercado, próximas a plataformas especializadas en exportación, de servicios de consulta, ingeniería, empresas de venta de maquinaria y productos químicos, etc.

También la situación geográfica de la plantación independientemente de la proximidad a núcleos urbanos e infraestructuras implica una serie de condicionantes que fijarán en gran medida las características climáticas y edafológicas de la plantación, como pueden ser su latitud y altitud, orientación, cercanía a grandes extensiones de agua, orografía, etc.

El enclave de la explotación frutal y la orientación de la pendiente en zonas de ladera también pueden jugar un papel importante. Por ejemplo, en zonas montañosas, con valles estrechos y cerrados, se debe tener en cuenta que si se opta por localizar parte de la plantación en el fondo del valle, se corre el riesgo de heladas por acumulación de aire frío. También es importante saber que las laderas con orientación norte suelen tener cierto desfase en el crecimiento de las yemas respecto a orientaciones más soleadas.

3.3. Factores climáticos

El clima es un factor primordial a tener en cuenta a la hora de establecer una plantación frutal y debe ser estudiado previamente con el fin de minimizar los riesgos que se derivan de sus características.

La temperatura es el principal factor climático que condiciona y establece los límites geográficos donde pueden implantarse las distintas especies frutales. Además, una baja temperatura durante la floración o cuajado de los frutos puede mermar también la producción y la calidad de la cosecha.

Nota

Algunas de las variables relacionadas con la temperatura que pueden afectar a la plantación son el régimen de heladas invernales y primaverales, temperaturas medias, mínimas y máximas, duración del reposo invernal, etc.

Este factor está relacionado directamente por la latitud y la altitud, e influenciado por la cercanía de una masa grande de agua (mares y océanos). A escala local, también puede variar en función de la pendiente, dirección de los vientos predominantes, orientación, existencia de zonas montañosas con valles estrechos cerrados, etc.

 Nota

En general, la temperatura es más baja cuanto mayor es la latitud y la altura, y viceversa.

La pluviometría de la zona es una variable a tener en cuenta en la localización del cultivo junto a las necesidades hídricas de las especies frutales. Para ello, es importante conocer algunos parámetros como la precipitación total anual, su distribución a lo largo de los meses, periodos de sequía, etc.

Nota

Las necesidades hídricas de los árboles frutales se estiman en más de 500 mm anuales. En gran parte de España el clima, la distribución de las precipitaciones a lo largo del año junto a estaciones prácticamente secas, hace necesario disponer de un sistema de riego. Aunque hay cultivos como el almendro, la vid y el olivo que se cultivan en secano, sus rendimientos aumentan con la aportación adicional de agua de riego.

La radiación solar o la iluminación recibida por la plantación suele repercutir de manera positiva en un aumento de la producción y depende de la estación del año, latitud, nubosidad, orientación del cultivo, etc. Sin embargo, un exceso de radiación solar en los meses de calor típico del clima de España puede causar mermas en la producción por afectar a los frutos.

 Nota

En los cultivos no suelen existir problemas de falta de luz por motivos geográficos, más bien puede existir deficiencia de luz por el sombreamiento entre árboles próximos y entre ramas de un mismo árbol.

El viento es otro de los factores climáticos a tener en cuenta por los daños que puede causar en las plantaciones frutales: rotura de ramas y brotes, caída de frutos, inclinación de árboles, etc. Por tanto, es importante conocer las características de los vientos (velocidad, dirección y frecuencia) de la zona de plantación para decidir si se establecen medidas protectoras.

Importante

La dirección y frecuencia de los vientos permiten elaborar la Rosa de los Vientos de la zona en estudio, que es un diagrama donde la dirección se representa por flechas de longitud proporcional a la frecuencia, y en el centro se indica la frecuencia de las horas sin viento, entendidas en sentido amplio y consideradas como los vientos con velocidad inferior a los kilómetros por hora.

Existen otro tipo de accidentes atmosféricos difíciles de predecir, pero que pueden causar graves daños a los cultivos. Estos fenómenos que pueden ocurrir de manera frecuente en una determinada zona son, por ejemplo, las tormentas, granizos o pedriscos.

3.4. Factores edafológicos

Las propiedades del suelo junto a las climáticas caracterizan notablemente el lugar de la plantación, pudiendo ser a veces limitantes para el cultivo de determinadas especies frutales. Las características del suelo, tanto físicas como químicas, pueden condicionar muchas de las decisiones que deben tomarse en la implantación de un cultivo frutal: elección de la especie frutal y del patrón, diseño de la plantación, construcción de infraestructuras, labores a realizar en el cultivo, etc.

Los factores físicos asociados al lugar de la plantación que pueden limitar el desarrollo de las raíces y al crecimiento posterior de los árboles son fundamentalmente la profundidad del suelo, textura, permeabilidad y estructura del mismo. En cuanto a los parámetros químicos intrínsecos al terreno del cultivo se pueden citar la posible salinidad del suelo, existencias de horizontes calizos, nutrientes y contenido de materia orgánica en el suelo, pH, calidad del agua subterránea, etc.

Nota

La mayor parte de las especies frutales se ven más o menos afectadas al cultivarse en suelos calizos.

4. Sistemas de plantación y formación

El objetivo de cualquier empresario agrícola debe ser obtener la máxima producción durante un periodo de tiempo en una determinada extensión de terreno. Para ello, es necesario respetar el desarrollo natural de los árboles y distribuirlos en la parcela de manera que no afecten a las distintas tareas de cultivo cuando estos adquieran su porte definitivo. El máximo rendimiento por superficie de una plantación está claro que no se logra durante los primeros años, sino cuando los árboles están en su etapa adulta, y casi la totalidad de la superficie de la plantación queda ocupada, sin existir competencia de nutrientes, agua, luz, etc.

 Importante

Algunos de los sistemas de plantación que existen intentan aumentar el rendimiento durante los primeros años, sin esperar al desarrollo definitivo de los frutales.

4.1. Sistemas de cultivo

El agricultor puede decidirse por alguno de los siguientes sistemas de cultivo: plantaciones definitivas, temporales, intercalares, intensivas, asociadas y puras.

Plantaciones definitivas

En las **plantaciones definitivas** el número de árboles frutales por hectárea permanece constante durante la vida de la plantación, de modo que en los primeros años los árboles disponen de mayor superficie que la requerida para su desarrollo normal, y una vez alcanzada la etapa adulta no existen problemas de competencia que originen una pérdida de productividad.

Plantaciones temporales

El sistema de **plantación temporal** consiste en establecer un número de árboles definivos en el terreno, junto a otros transitorios que deben arrancarse una vez exista una competencia importante con los definivos. Para los árboles temporales interesan variedades de crecimiento lento, pequeño tamaño y rápida entrada en producción.

 Nota

Con el sistema de plantación temporal se trata de optimizar la superficie durante los primeros años de la plantación, con el consiguiente beneficio económico por incrementar la producción durante ese periodo.

Antes de decidirse por este sistema, se debe valorar si la producción esperada compensa los gastos de mantenimiento de los árboles y su arranque posterior, teniendo en cuenta la edad de entrada en producción y el futuro tamaño del árbol.

En algunos casos este sistema se utiliza como una alternativa para la renovación paulatina de plantaciones viejas por parcelas, en las que el terreno de plantación se divide en parcelas donde establecer los nuevos árboles, mientras se mantienen otras con los viejos. De esta manera se consigue una producción de fruta todos los años.

Plantaciones intercalares

Las **plantaciones con cultivos intercalares** en la práctica son también temporales, pero a diferencia de estos se utilizan plantas anuales (hortalizas, cereales, etc.) en las calles de la plantación durante el periodo improductivo de
los frutales. En la mayoría de los casos, estos cultivos causan una reducción
del crecimiento de los árboles por competencia en agua y nutrientes, y prolon-
gan el período improductivo de la plantación.

Además, se dificulta más aún el acceso a los árboles frutales para las diferentes tareas de mantenimiento, como pueden ser la poda o la aplicación de
fitosanitarios, por lo que debe utilizarse este sistema el menor número de años
posible.

Plantaciones intensivas

Las **plantaciones intensivas** en muchos casos se están convirtiendo en los
sistemas preferidos para la producción de muchos tipos de frutales. Los sistemas intensivos se caracterizan porque en ellos se incrementa notablemente
el número de árboles por hectárea de forma permanente, de manera que cada
árbol pierde su individualidad para integrarse dentro de una fila continua de
árboles a modo de seto.

En este tipo de plantaciones es importante que el árbol no adquiera un
gran tamaño, y para ello se suelen emplear junto a podas severa, variedades y
patrones de pequeño porte.

Las plantaciones intensivas presentan la ventaja de que se facilita la mecanización de todas las tareas de cultivo, incluido la recolección, y además entran antes en producción que las plantaciones convencionales por el aumento
del número de árboles por hectárea.

Plantación intensiva de manzano

Importante

El inconveniente más importante de este tipo de plantación (intensiva) es que transcurridos una serie de años, la producción frutal desciende considerablemente, y es necesario reemplazar todos los árboles de la plantación. La implantación de este sistema requiere saber si la producción esperada compensa los gastos de mantenimiento del cultivo y su arranque posterior, teniendo en cuenta la edad de entrada en producción y el futuro tamaño del árbol.

Plantaciones asociadas

Otro caso particular son las llamadas **plantaciones asociadas,** que consisten en la coexistencia permanente de especies frutales diferentes en la misma parcela de plantación. Antiguamente se han establecido asociaciones de olivo y vid, olivo y almendro, pero hoy en día este sistema no tiene sentido en la agricultura moderna, siendo preferible la división de la superficie agrícola en parcelas distintas para establecer cada una de las especies frutales por separado.

Plantaciones puras

Las **plantaciones puras** o monoespecíficas consisten en utilizar una única especie frutal en una determinada superficie agrícola, mientras que las mixtas incorporan más de una especie. La mayoría de los agricultores optan por los monocultivos de frutales por su mayor facilidad de manejo.

Gracias a esta diferenciación, se pueden englobar a las plantaciones definitivas a las temporales e incluso a las intensivas dentro del grupo de plantaciones puras. Por el contrario, en las mixtas, se incluyen las plantaciones con cultivos intercalares.

4.2. Factores que influyen en el sistema de plantación

Son muchos los factores que pueden influir en el diseño definitivo de la plantación. Por ejemplo, el vigor de las especies que está relacionado con el volumen final de los árboles, condiciona las distancias de plantación y, en consecuencia, la posible intensidad de los diversos sistemas.

Importante

Los árboles de gran tamaño no son apropiados en sistemas muy intensivos, al igual que las especies de pequeño porte no lo son para amplios marcos de plantación.

El clima, a través del viento e insolación del emplazamiento, puede influir en la decisión de los sistemas de plantación. Por ejemplo, una plantación intensiva con postes y el correspondiente tendido de varias líneas de alambres está mejor protegida del viento.

El sistema de formación también condiciona el tipo de plantación. Si se opta por formas libres o apoyadas, piramidales o redondeadas, planas o de setos, etc., debe tenerse en cuenta su disposición de los frutales en el terreno.

El modo de recolección y la maquinaria a emplear también pueden limitar la configuración de unos sistemas u otros de plantación. No se utiliza la misma técnica de recolección mediante vibradores del tronco en olivar que por medio de cosechadoras que recogen los frutos a su paso por los setos o filas continuas de olivos. En plantaciones intensivas, generalmente, la maquinaria suele ser de menor tamaño al ser las distancias de plantación más reducidas.

El factor económico y financiero son aspectos también a tener en cuenta. La inversión necesaria en una plantación intensiva suele ser mucho mayor, pero por el contrario, comienzan a ser rentables en un periodo de tiempo más corto. En plantaciones intensivas se necesita mayor número de árboles, mano de obra especializada en poda, posible instalación de estructuras de soporte a base de postes y alambres, etc., pero que junto a otros factores a valorar como el adelanto de la entrada en producción y la producción total de la plantación puede resultar ventajoso el optar por este sistema de plantación.

4.3. Formas de los árboles

Los árboles que se desarrollan sin ninguna clase de intervención, y en función de su crecimiento natural, adoptan formas y tamaños variados. Además, en muchas ocasiones la forma que un árbol adquiere puede estar condicionada por condiciones medioambientales como son la exposición a la luz y al viento.

En la naturaleza se pueden encontrar árboles que adoptan de modo natural forma cónica, columnar, redondeada, piramidal, extendida u horizontal, etc., aunque la forma redondeada quizás sea la más frecuente en las especies frutales. No obstante, la forma natural que puedan adoptar las distintas especies frutales no ayudan a obtener el máximo rendimiento, por lo que se suele intervenir en su creciminto y desarrollo para modificar su estructura.

Las formas en las que se pueden guiar los árboles frutales se basan normalmente por el sistema de ramificación. De acuerdo con este criterio, las formas pueden ser en volumen (con eje central o con centro abierto), o planas. Las formas en volumen, concretamente aquellas con centro abierto, suelen utilizarse en plantaciones extensivas, ya que los árboles necesitan mayor superficie para su desarrollo. Por el contrario, las formas planas son, en general, formas más evolucionadas que aparecieron con el objeivo de conseguir una mayor intensificación y una mejora en la calidad de la fruta, como consecuencia de una mejor exposición a la luz. No obstante, hoy en día existen sistemas en volumen con eje central comparables en todos los sentidos a las formas planas, y que permiten además la intensificación de especies, como el melocotonero, de peor adaptación a la conducción en forma plana.

Sistemas de formación de los árboles

Los sistemas de formación que existen para guiar los árboles frutales son muy variados y dependen de la tendencia natural de la especie, de su capacidad de adaptación a los diferentes sistemas, del patrón, de la variedad dentro de una misma especie, de su vigor y del sistema de recolección y de plantación.

Nota

El tamaño final del árbol o vigor depende a su vez de la combinación variedad/patrón.

Importante

Las especies de pepita, y concretamente el manzano, se adaptan con gran facilidad a sistemas muy diferentes de formación. En algunas especies como el olivo o los agrios, las posibilidades de elección son mínimas.

Se pueden citar algunos sistemas de formación como pueden ser en vaso de pisos, en pirámide, *spindelbusch,* palmetas de brazos oblicuos, *marchand, lepage* y *ferraguti.*

El sistema de vaso de pisos se basa en tres ramas principales unidas al tronco que sustentan a su vez una serie de ramas secundarias o pisos escalonados. Esta forma exige marcos de plantación amplios, de modo que no exista limitación al desarrollo de los frutales y asegure la suficiente aireación e insolación de los mismos. Esta forma es aplicable a todas las especies.

Sistema de formación en vaso de pisos

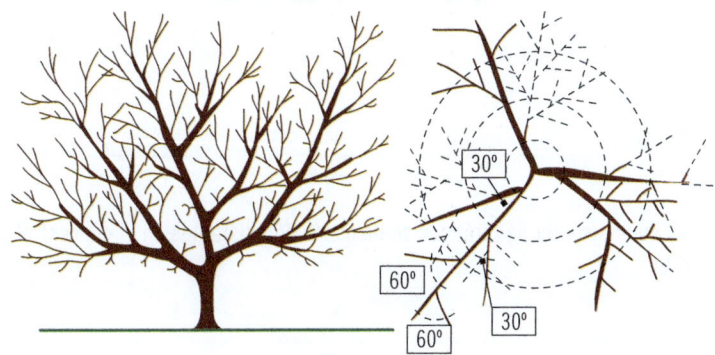

 Nota

Una variante del sistema de vaso de pisos es el vaso italiano helicoidal, que se diferencia fundamentalmente en los ángulos de inserción de las ramas principales con el tronco de los árboles. En esta forma helicoidal, las ramas principales deben estar inclinadas 45° o más.

El esquema del sistema de pirámide está constituido por un eje central con tres o cuatro pisos. Cada piso está formado por alrededor de cinco ramas uniformemente repartidas en espiral. Se aplica especialmente en perales injertados sobre membrillero y no requiere el uso de tutores, soportes o alambres.

Sistema de formación en pirámide

Nota

Los pisos en el sistema de pirámide se disponen equidistantes en el eje central y simétricamente.

La formación del *Spindelbusch* es parecida al sistema piramidal al disponer también de un eje central, pero que se diferencia por poseer un número indeterminado de ramas secundarias sin ninguna regularidad, alrededor y en toda la longitud de dicho eje.

Una de las ventajas de este sistema es la posibilidad de sustitución o renovación de sus ramas secundarias. Necesita un apoyo para su formación por medio de un tutor o una estructura con alambres y está indicado para frutales de pepita, particularmente en manzanos.

Sistema de formación en Spindelbusch

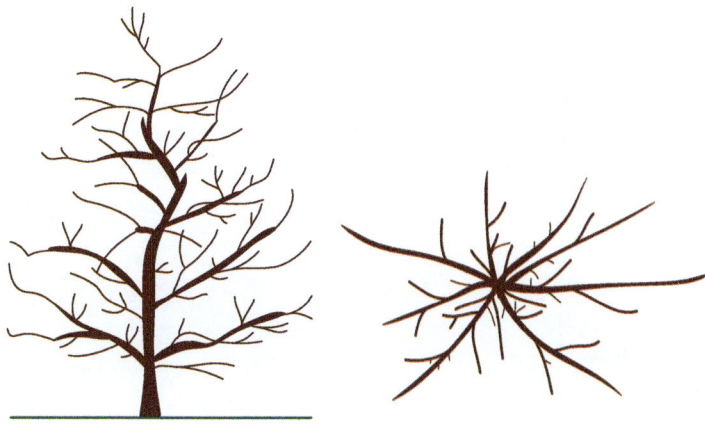

La forma de palmeta regular de brazos oblicuos se consigue mediante un eje central en el que se insertan tres o cuatro pisos equidistantes, constituidos cada uno de ellos por dos ramas dirigidas en sentido opuesto e insertadas con un ángulo de 45-50° respecto al tronco. Pueden adoptar este sistema tanto las especies de pepita, como de hueso, pero es indicado particularmente para manzano y peral.

Sistema de formación de palmeta de brazos oblicuos

Nota

Una variante de este sistema es la palmeta irregular de brazos oblicuos, cuyas ramas secundarias se disponen sin simetría alguna.

Importante

Para soportar el peso de los frutos se recomienda la instalación de una estructura permanente a base de postes y alambre.

El sistema *marchand* o *drapeau* origina un tronco principal inclinado de 45° a 30° con relación a la superficie del suelo, en el que se insertan ramas secundarias inclinadas en sentido opuesto a dicho tronco. En frutales de pepita (mayoritariamente en manzano), es fundamental el establecimiento permanente de postes y alambres.

Sistema de formación de pirámide

La estructura de la forma *lepage* se caracteriza porque cada piso está constituido por ramas arqueadas dispuestas en sentido contrario al anterior. Este sistema está orientado a facilitar el guiado y soporte de las especies a la estructura de postes y alambres. Se usa únicamente en plantaciones de manzano y peral.

Sistema de formación Lepage

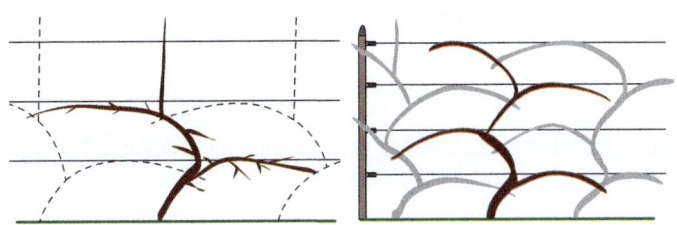

Por último, el sistema *ferraguti* es en realidad una modificación de la palmeta regular, pero en este caso de brazos horizontales. Esta forma permite distancias de plantación más cortas y la posibilidad de renovación de las ramas. Para ello, se requieren patrones poco vigorosos como existen para manzanos y varias líneas de alambre unidas a los postes.

Sistema de formación de palmeta regular de brazos oblicuos

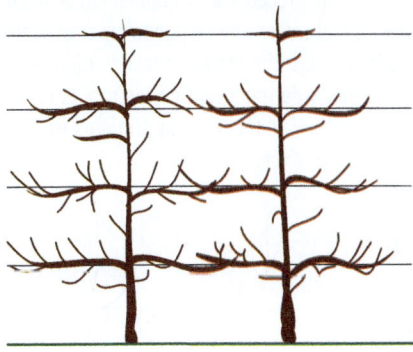

Aplicación práctica

Imagine que usted es un técnico especialista que está impartiendo un curso sobre poda de formación en árboles frutales a varios agricultores. Resulta que uno de ellos acaba de establecer una plantación de melocotón y le pregunta cómo se realiza la poda para darle la forma a los árboles según el sistema de formación en vaso. ¿Qué le diría?

SOLUCIÓN

El sistema de vaso de pisos se basa en tres ramas principales unidas al tronco que sustentan a su vez una serie de ramas secundarias o pisos escalonados. Se recomienda utilizar plantones de un año para que el proceso sea más sencillo y rápido. Una vez plantado el plantón entre otoño y primavera se reduce su altura hasta dejarlo a unos 85 a 100 cm del suelo. En verano, se eligen los tres brotes que constituirán los brazos principales, de modo que formen entre sí ángulos de 120º. Es muy importante que las tres ramas principales no salgan todas de la misma altura del tronco, sino separadas entre 10 a 15 cm. Los restantes brotes o ramas se deberán rebajar hasta dejar unas 4 o 5 hojas desde su inserción. En el invierno siguiente se deben eliminar todos los brotes o ramas de las que se dejaron 4 o 5 hojas desde su inserción. Además, de cada uno de los tres brazos principales se debe elegir un brote o rama que forme un ángulo de 45º aproximadamente con respecto a dicho brazo. Los restantes brotes se cortan completamente. De esta forma se queda configurado el primer piso de cada brazo o rama principal. En el segundo invierno se deben establecer las ramas del segundo piso en cada brazo principal. Para ello, se eligen ramas que formen un ángulo de 30º con el brazo principal y distanciadas de las ramas del primer piso unos 60 cm. También en esta poda de invierno se debe proceder a la eliminación de los brotes o ramas restantes de los brazos principales. En el tercer año se puede crear otro piso con ramas insertadas a 60º con respecto a los brazos principales y se procede ha reducir o eliminar brotes excesivamente largos. Con una poda de reducción de las ramas en el invierno del cuarto año se términa la poda de formación, y se recogen los primeros frutos en primavera o verano.

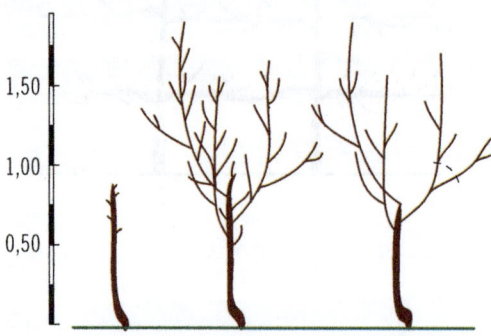

4.4. Marco de plantación: marco real, marco rectangular, al tresbolillo, al cinco de oros

El marco de plantación hace referencia a la distancia que existe entre todos los árboles plantados dentro de una plantación. Este parámetro se determina en función de la distancia entre las filas de la plantación o anchura de la calle, y la distancia comprendida entre árboles dentro de cada fila.

Nota

A la hora de elegir el marco de plantación se debe considerar, además de la densidad de plantación, la facilidad para realizar las tareas de cultivo y que los árboles reciban la máxima radiación de luz posible.

El marco de plantación depende en cierta medida de la densidad buscada en la explotación, aunque se pueden establecer distintos marcos de plantación para una determinada densidad de plantación.

Ejemplo

Para una densidad de 1.000 árboles por hectárea, el marco de plantación puede ser de 5 x 2 m o de 4 x 2,5 m (distancia entre árboles x distancia entre filas).

Siempre que la topografía del terreno lo permita es aconsejable utilizar marcos de plantación con disposiciones geométricas regulares, como puede ser el marco real, rectangular, a tresbolillo o cinco de oros.

En el marco real los árboles se disponen en cada uno de los vértices de un cuadrado, de forma que la distancia entre filas (anchura de la calle) es la misma que hay entre árboles dentro de una misma fila. Esta configuración permite realizar las tareas del cultivo en dos direcciones (entre filas y entre árboles) y se define con el nombre y el valor numérico del marco, por ejemplo marco real de 6 m.

Se puede estimar el número de árboles que pueden plantarse en una determinada finca, sabiendo su superficie y aplicando la siguiente fórmula:

$$n = Sup \, / \, m^2$$

Donde:

- n = número de árboles.
- Sup = superficie del terreno de plantación expresado en metros cuadrados.
- m^2 = distancia entre plantas en metros cuadrados.

El marco rectangular se caracteriza por optimizar mejor el terreno de plantación a costa de reducir la distancia entre árboles de una misma fila. Como su nombre indica, los árboles se disponen en cada vértice de un rectángulo, cuya medida mayor se llama "calle" y la menor "entrelínea".

 Nota

A menor distancia de plantación de árboles en una fila aumenta el sombreamiento entre ellos.

El laboreo puede realizarse únicamente entre las calles, pero por la mayor separación de las mismas se facilitan las labores de cultivo. Este sistema utilizado en plantaciones intensivas se define con el nombre y el valor numérico de los dos lados de la figura geométrica (por ejemplo, marco rectangular de 6 x 4 m).

$$n = Sup / a \cdot b$$

Donde:

- n = número de árboles.
- Sup = superficie del terreno de plantación expresado en metros cuadrados.
- a = longitud del lado mayor del rectángulo en metros.
- b = longitud del lado menor del rectángulo en metros.

En el marco a tresbolillo, los árboles se disponen en cada uno de los vértices de un triángulo equilátero, manteniéndose constante siempre la misma distancia entre árboles que entre filas. La magnitud del lado del triángulo se toma como referencia para definirlo (tresbolillo de 4 m). En este caso, un árbol cualquiera forma parte de tres filas o alineaciones de árboles distintas.

$$n = Sup / a^2 \cdot 0,866$$

Donde:

- n = número de árboles.
- Sup = superficie del terreno de plantación expresado en metros cuadrados.
- a = longitud del lado del triángulo equilátero en metros cuadrados.
- 0,866 = coeficiente constante.

Importante

En el marco a tresbolillo se obtiene una mayor densidad de plantación sin originar demasiado sombreamiento, y permite el laboreo en tres sentidos, aunque en la realidad entorpece las tareas de cultivo, por lo que cada vez es menos utilizado.

El marco de cinco de oros consiste en añadir en el centro de un marco real o rectangular un quinto árbol. Es utilizado por los agricultores para doblar plantaciones en marcos muy amplios.

En el caso de que la pendiente del terreno no permita marcos regulares, hay que recurrir a plantaciones en curvas de nivel, fijando una distancia mínima entre filas, tomando como referencia la línea de máxima pendiente y una separación equidistante entre árboles dentro de cada curva de nivel.

Tipos de marco de plantación

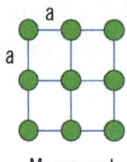
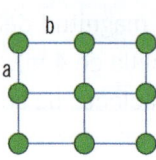
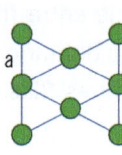
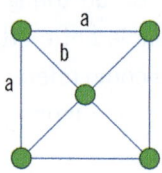

| Marco real | Marco rectangular | Tresbolillo | Cinco de oros |

Importante

Cuando la pendiente del terreno sea muy elevada y no permita su mecanización, se debe optar por realizar terrazas o bancales, distribuyendo los árboles equilibradamente.

Actividades

17. Indicar las ventajas e inconvenientes que existen entre el sistema a tresbolillo y el marco rectangular.

4.5. Densidad de plantación. Factores que influyen

La densidad de plantación hace referencia al número de árboles plantados por hectárea en una parcela agrícola. El estudio y la elección de este parámetro en una plantación frutal constituyen un punto clave en el diseño de la misma. Si por ejemplo, se decide plantar menos árboles por hectárea de los realmente posibles, estos crecerán sin problemas, pero no se optimiza toda la superficie útil de la parcela, y además la producción será mucho menor que la máxima posible. En el caso contrario, si la densidad de árboles es superior a la capacidad del terreno, existirá competencia de luz, agua y nutrientes entre ellos, y además de obtener un menor rendimiento de producción por cada árbol, puede ocurrir que se deban arrancar algunos de ellos. Tanto por defecto como por exceso, existe el riesgo de no alcanzar una producción suficiente que haga viable económicamente a la plantación proyectada.

Independientemente de la especie frutal y, en general, se dice que la densidad de una plantación es baja cuando hay menos de 150 árboles por hectárea, media entre 150-800 árboles por hectárea y alta densidad cuando se supera los 800 árboles por hectárea.

En el cálculo de la densidad de plantación se deben estudiar varios factores como son el tamaño de la especie frutal, su sistema de formación y la posibilidad de mecanización de las tareas agrícolas.

El tamaño del árbol está relacionado con su vigor, que a su vez depende en gran medida del patrón y la variedad frutal, así como de las condiciones del medio de cultivo. En terrenos con sistema de riego, sin falta de nutrientes y un clima adecuado, el árbol adquirirá un tamaño mayor que en otras condiciones

a igualdad del material vegetal. Para estos casos, la densidad de plantación
es conveniente reducirla para evitar posibles problemas de competencia entre
árboles contiguos.

El sistema de formación, es decir, el modo de conducir el árbol a través de
la poda durante su crecimiento, también afecta al espacio disponible para su
desarrollo normal. Por ejemplo, las formas planas gracias a que ocupan menos
superficie, permiten reducir la distancia entre calles sin provocar apenas sombreamiento, y de esta manera se incrementa la densidad de plantación.

Nota

El vigor de la especie y la variedad también influye en el sistema de formación.

Por último, la facilidad de mecanización de la plantación también se debe
considerar, ya que si se reduce en exceso la distancia entre filas puede impe-
dirse el paso de la maquinaria y la realización de todas las labores de cultivo.

Importante

Alcanzar una densidad óptima de plantación es a veces complicado por los numerosos
factores que afectan a los determinantes de la misma. En muchos casos, la experiencia
de otros agricultores puede ayudar a tomar una decisión correcta respecto a la densidad
de plantación.

En la siguiente tabla aparecen los números de árboles que pueden plantarse en una hectárea, en función de la distancia entre filas y entre árboles para

una plantación con marco real (misma distancia entre árboles y entre filas), marco rectangular (distinta distancia entre árboles y entre filas) y marco a tresbolillo donde cada árbol se encuentra de otro a la misma distancia.

Densidad de plantación según tipo de marco											
Distancia entre árboles	**Marco real o rectangular. Distancia entre filas (m)**										
	2,0	**2,5**	**3,0**	**3,5**	**4,0**	**4,5**	**5,0**	**5,5**	**6,0**	**6,5**	**7,0**	**7,5**
1,0	5.000	4.000	3.333	2.857	2.500	2.222	2.000	1.818	1.667	1.538	1.429	1.333
1,5	3.333	2.670	2.222	1.905	1.667	1.481	1.333	1.212	1.111	1.026	952	889
2,0	2.500	2.000	1.667	1.428	1.250	1.111	1.000	909	833	769	714	667
2,5	2.000	1.600	1.333	1.143	1.000	889	800	727	667	615	571	533
3,0	1.667	1.333	1.111	952	833	741	667	606	556	513	476	444
3,5	1.428	1.143	952	816	714	635	571	519	476	440	408	381
4,0	1.250	1.000	833	714	625	556	500	455	417	385	357	333
4,5	1.111	889	741	635	556	494	444	404	370	342	317	296
5,0	1.000	800	667	571	500	444	400	364	333	308	286	267
5,5	909	727	606	519	455	404	368	331	303	280	260	242
6,0	833	667	556	476	417	370	333	303	278	256	238	222
6,5	769	615	513	440	385	342	308	280	256	237	220	205

Aplicación práctica

Usted es un técnico agrícola al que un agricultor le ha contratado para planificar y ejecutar una plantación frutal. Resulta que la parcela mide 3 ha y el agricultor le pide que le calcule el número de árboles que pueden plantarse si decide establecer un marco de plantación rectangular o a tresbolillo, sabiendo que desea dejar 6 m de distancia entre calles y 5 m entre árboles dentro de una misma calle.

¿Cómo lo calcularía? Además el agricultor le pide consejo sobre qué marco utilizar si decide plantar nogales a las mismas medidas anteriores.

Continúa en página siguiente >>

<< Viene de página anterior

SOLUCIÓN

En el caso del marco rectangular y aplicando la fórmula se plantarían los siguientes árboles:

$$n = Sup / a \cdot b = 30.000 \ m^2 / 6 \ m \cdot 5 \ m = 1.000 \ árboles$$

En el caso del marco a tresbolillo y aplicando la fórmula se plantarían los siguientes árboles:

$$n = Sup / (a^2 \cdot 0,866) = 30.000 \ m^2 / (5 \ m^2 \cdot 0,866) = 1.385 \ árboles$$

En el caso de plantar nogales, no se recomienda ningún marco de los anteriores a esas distancias, ya que la distancia entre árboles es muy reducida y los nogales son de gran tamaño.

5. Elección de especies, variedades y patrones

La elección de la especie frutal es siempre una de las primeras decisiones que un fruticultor debe afrontar. Esta decisión suele estar condicionada por el conocimiento del propio agricultor, la tradición de un cultivo en una determinada zona geográfica, factores climáticos, económicos, etc.

Excepto en los casos de introducción de nuevas especies frutales en ciertas regiones, no resulta complicado la elección de la especie si se conocen previamente sus requerimientos básicos, se tienen ciertos conocimientos agrícolas y se dispone de asesoramiento por parte de técnicos o de la propia administración pública.

En relación a la elección varietal son dos factores principales los que se deben tener en cuenta: el destino de la producción y las propias características específicas de las variedades.

Nota

La mayoría de las especies frutales poseen un importante número de variedades surgidas por selección o mejora genética a lo largo del tiempo.

El destino de la producción de una plantación frutal puede estar orientado hacia el consumo en fresco y para la industria de conservas o de elaboración de zumos, licores, etc. Aunque existen variedades aptas para ambos destinos, esta diferenciación marca en muchas ocasiones el tipo de variedad a utilizar.

En otras ocasiones, la selección de variedades puede estar condicionada por las preferencias del consumidor, el tipo de mercado de destino (supermercados, restaurantes, hoteles, etc.), por normativa o reglamentos de calidad, por casos de éxito de algunas variedades en una región, características climáticas de una zona, etc.

 Nota

En algunos sitios donde el clima lo permita, pueden utilizarse variedades que permitan adelantar la maduración de la fruta y su puesta posterior en el mercado antes que otros productores de regiones distintas.

Importante

Junto a las anteriores variables, el agricultor generalmente selecciona las distintas variedades para cubrir toda la temporada de una fruta y de forma escalonada en el tiempo.

También las características específicas de las variedades, en concreto sus características agronómicas y comerciales juegan un papel muy importante en la elección de dichas variedades.

A continuación, se presentan las características agronómicas y comerciales que deben reunir las variedades.

Características agronómicas	Características comerciales
Adaptación al clima y al terreno	Aspecto del fruto
Productividad y calidad del fruto	Cualidades organolépticas del fruto
Compatibilidad variedad - patrón	Resistencia al transporte y manipulaciones
Tamaño o vigor	Capacidad de conservación
Otros como tolerancia a plagas y enfermedades, color del fruto, fecha de fructificación, etc.	Preferencias del consumidor, rendimiento industrial, etc.

5.1. Elección y características de los patrones de frutales

La mayoría de las plantaciones frutales están compuestas por la unión de un patrón y una variedad, en el que el primero aporta el sistema radicular y la segunda constituye la parte aérea. Por tanto, no solo es importante la elección de la variedad, sino también la del patrón o portainjerto por su influencia sobre muchos aspectos, tales como en el tamaño del árbol, productividad, calidad de los frutos, resistencia o sensibilidad a agentes patógenos o a determinados factores limitantes del suelo, etc.

 Nota

La variedad y el patrón pueden pertenecer a una misma especie o a especies distintas.

Por ejemplo, algunos patrones aportan resistencia o tolerancia a condiciones limitantes del suelo como pueden ser la presencia de horizontes de carbonato cálcico, sequía, salinidad o a patógenos vegetales asociados al suelo. El patrón también puede mejorar la productividad, gracias en parte por una mejor adaptación de la variedad al medio, y por su efecto en la entrada en producción, la época de maduración del fruto y en la calidad del mismo.

 Importante

La tolerancia a determinadas virus es una característica fundamental en la elección del patrón en especies, como los agrios, donde representan una limitación para el cultivo.

A continuación, se presentan las características que deben reunir los patrones.

Características	
Rápida propagación	Aumento de la productividad
Alta compatibilidad y polivalencia con diferentes variedades de especies frutales	Incremento de la longevidad
Limitar el vigor o tamaño de los frutales	No emitir chupones
Adaptabilidad a diferentes condiciones	Buen sistema radicular
Resistencia a encharcamientos y sequía	Tolerancia a patógenos

Actividades

18. ¿Qué es un injerto?
19. Enumerar las distintas técnicas que existen para realizar los injertos.
20. ¿Qué diferencia existe entre un injerto y un acodo?

5.2. Afinidad variedad-patrón

De la asociación entre patrón y variedad puede resultar una relación propicia o por el contrario desfavorable. En el primer caso se dice que hay una relación de compatibilidad, mientras que en el segundo existe una incompatibilidad.

Normalmente, cuanto más próximos son botánicamente el patrón y la variedad, mayor es la probabilidad de éxito o de compatibilidad. Por ejemplo: entre patrón y variedad de una misma especie existe siempre compatibilidad; entre especies distintas de un mismo género los resultados difieren; entre géneros de una familia las posibilidades de éxito se reducen a ciertos casos; y entre individuos de familias diferentes normalmente existe incompatibilidad.

Nota

La relación de almendros, ciruelos europeo y japonés, entre melocotonero resulta compatible, mientras que almendro sobre albaricoque se origina normalmente incompatibilidad localizada en la unión.

La incompatibilidad entre patrón y variedad puede ser de dos tipos en función de si un tercer individuo (especie o variedad vegetal) intermedio favorece la relación, limitando los síntomas de incompatibilidad.

El primer tipo de incompatibilidad se denomina traslocada, que se caracteriza por no ser reversible, es decir, no existe solución en la práctica.

 Nota

El empleo de un intermediario, compatible con la variedad y el patrón, no impide la incompatibilidad.

Un ejemplo típico de relación imposible se dan entre almendro o melocotonero, utilizando como patrón un tipo de ciruelo llamado mirobolán *(Prunus cerasifera Ehrh)*. En esta clase de incompatibilidad, el enlace entre variedad-patrón es fuerte, en el patrón no se sintetiza almidón, en las zonas próximas al punto de unión aparecen engrosamientos, el crecimiento es lento y se aprecian deformaciones en las hojas entre otros síntomas.

La segunda incompatibilidad se llama localizada y se caracteriza por las frecuentes roturas del punto de unión variedad-patrón. Además, se produce un agotamiento gradual del sistema radicular y otros síntomas en función del estado del sistema vascular en la zona de unión. Aun así, este tipo de incompatibilidad se limita con la incorporación de un intermediario compatible con el patrón y la variedad.

5.3. Nuevas variedades y patrones

El sector agrario a través de empresas, organismos públicos (Consejo Superior de Investigaciones Científicas (CSIC), Instituto de Investigación y Tecnología Agroalimentarias de la Generalitat de Catalunya (IRTA), Instituto Valenciano de Investigaciones Agrarias (IVIA), Fundación Agroalimed, Instituto Navarro de Tecnologías e Infraestructuras Agroalimentarias (INTIA), Instituto Murciano de Investigación y Desarrollo Agrario y Alimentario (IMIDA), etc.) y el propio agricultor está continuamente buscando nuevas variedades con alguna mejora respecto de las ya existentes. Mediante métodos de selección genética y cruzamientos se obtienen nuevas variedades, por ejemplo de albaricoquero ("Estrella", "Rosa", "Sublime", "Maravilla" y "Toñi") de almendro ("Penta", "Tardona", "Vairo", "Constantí", "Marinada" y "Tarraco"), de mandarina ("Moncalina", "Murta", "Nulessín", "Nero" y "Clemenverd") de limonero ("Añejo ejo", "Líder der", "Millenium", "Callosa", "Pisana", "Garpo" y "Finolate"), etc.

Al investigar nuevas variedades se pretenden obtener mejores producciones y de mayor calidad; y en el caso de patrones, el objetivo es encontrar árboles tolerantes o resistentes a enfermedades (virus, hongos, etc.), plagas y a cualquier factor limitante del medio como puede ser el pH del suelo, contenido de caliza, salinidad, encharcamiento, etc.

Ejemplo

Un ejemplo que muestra la investigación y obtención de nuevas variedades y patrones es el Instituto Valenciano de Investigaciones Agrarias, que en su página web muestra información sobre nuevos avances en esta materia. En concreto, existen nuevos patrones para cítricos como Forner-alcaide nº 5, Forner-alcaide nº 13, Forner-alcaide nº 418 y Forner-alcaide nº 517, además de otros en proceso de registro.

Aplicación práctica

Usted es un técnico agrícola al que un agricultor le ha contratado para planificar y ejecutar una plantación frutal. A la hora de seleccionar las variedades en función de su fecha de maduración, ¿qué grupo de variedades elegiría para obtener un calendario de recolección óptimo?

Continúa en página siguiente >>

<< Viene de página anterior

SOLUCIÓN

El grupo 1 de variedades permitiría obtener un calendario de recolección óptimo, ya que una vez que comienza la época de recolección, no existen discontinuidades en la maduración de las variedades. De esta forma, los frutos se cosechan escalonadamente, facilitando la recogida, su transporte, se reduce el espacio necesario en el almacén, se evita que mucha fruta se pudra, y se cubre toda la temporada con una constante oferta de fruta. En el caso de elegir el calendario de recolección con las variedades del grupo 2, crearía graves problemas de organización al originar unas necesidades de mano de obra variables, una producción desigual en la temporada y una necesidad de espacio diferente a lo largo de la campaña.

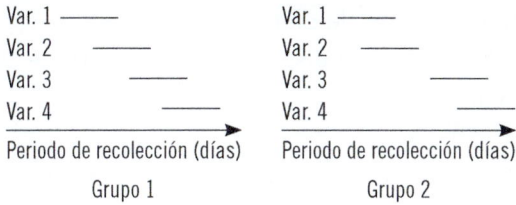

6. Plantación

Una vez que se tiene claro el proyecto de la plantación y se han dado respuesta a las preguntas ¿qué plantar?, ¿cómo plantar?, ¿qué sistema de plantación a realizar?, es necesario la planificación de todos los trabajos que conlleva la ejecución de la misma. Por tanto, después de saber la variedad, patrón a utilizar, qué sistema de plantación se va a adoptar, la separación entre filas y entre árboles, la densidad de la plantación, etc., el siguiente paso es hacer realidad todo lo planificado mediante todo un proceso de plantación.

6.1. Proceso de plantación de los plantones

La plantación de los plantones no solo hace referencia a la operación de colocar el material vegetal en el hoyo, sino que incluye varios trabajos antes y después de dicha operación. Por tanto, se puede decir que la plantación es un proceso que engloba una serie de tareas necesarias para proporcionar unas condiciones idóneas a los árboles, de manera que estos superen con éxito el trasplante y se consiga el mayor número de arraigos posibles. Estas tareas consisten en realizar el replanteo y la señalización de los árboles en el terreno, en la apertura de los hoyos, instalación de estructuras de soporte o tutores, colocación de los árboles en los hoyos, y otras operaciones necesarias para mantener un correcto estado de los mismos.

6.2. Marqueo

Después de la conclusión de los trabajos de preparación del terreno a través de una labor profunda, aporte de enmiendas y abonos, y otras labores complementarias que dejan el suelo dispuesto para plantar, se debe efectuar el replanteo o marqueo.

Esta operación consiste en trasladar el plano o croquis del diseño de la plantación directamente al terreno, señalando físicamente la posición de cada árbol frutal. De esta forma e independientemente del marco elegido se obtienen distancias homogéneas entre líneas, se optimiza la superficie disponible y se facilita la realización de las tareas agrícolas, además de resultar visualmente más estético.

Importante

Antes de empezar con el replanteo, conviene haber trazado previamente los caminos y calles de servicio que limitan las parcelas de la plantación y que ayudan como referencia.

Para poder realizar el marqueo de una plantación se necesitan una serie de herramientas básicas como jalones o piquetes, cuerda de marqueo, cintas métricas, estacas o cañas de marqueo, potro de marqueo y niveles:

■ Los jalones o piquetes se emplean para trazar alineaciones rectas y suelen ser tubos o barras metálicas cilíndricas acabadas en punta para ser clavadas en el terreno de 1 a 2 m de longitud, y pintadas de colores alternos entre blanco y rojo.

- La cuerda de marqueo sirve de guía para establecer físicamente la alineación junto con los jalones.
- La cinta métrica es necesaria para medir distancias y suelen recomendarse las de 15 a 50 m.
- Para señalar los puntos donde irán los árboles se suelen utilizar estacas o cañas de marqueo de unos 40 cm de longitud.
- El potro de marqueo se utiliza para replantear curvas de nivel en el terreno y consiste en una barra horizontal de 3 a 4 m de longitud que dispone de dos patas de un metro de altura en sus extremos.
- En cada extremo de la barra horizontal se colocan además sendos niveles para buscar la horizontalidad.

 Nota

La longitud del bastidor dependerá del marco de plantación. Para marcos de mayor longitud, se pueden utilizar divisores del mismo. Por ejemplo, si el marco es de 5 m, el bastidor puede ser de 2,5 m.

Replanteo en el terreno

Una vez que se disponen de las herramientas necesarias, la ejecución del replanteo debe empezar en plantaciones con disposición geométrica y regular, trazando una alineación base sobre la que se va a fundamentar todo el replanteo.

Importante

La dirección de la alineación base puede orientarse según las características de la parcela. En función de la radiación solar se suele orientar en la dirección norte-sur, pero en zonas de gran insolación se recomienda hacerlo en dirección este-oeste. También se puede tomar como alineación base la dirección de la mayor dimensión de la parcela o incluso la dirección de los vientos más frecuentes o a favor de la pendiente.

La alineación base se debe trazar según las características de la parcela, pero normalmente se toma como referencia uno de los lados de la misma para empezar. Esta alineación base se realiza marcando un punto cero con un jalón, y otros sucesivos unidos mediante la cuerda de marqueo a lo largo de la dirección elegida y hasta el final del lado de la parcela. Si están colocados los distintos jalones y unidos mediante la cuerda, formando la línea de referencia o base, con la ayuda de la cinta métrica se marcarán con estacas los puntos donde deben ir los árboles según la distancia fijada, quedando de esta forma señalada la primera línea que sirve de base para el resto.

A continuación, se deben trazar dos líneas perpendiculares a esta primera línea de referencia en cada uno de sus extremos. Para trazar una línea perpendicular por un punto de referencia, se marcará a uno y al otro lado una misma distancia con estacas. Con dos cuerdas tensas de igual medida y de longitud mayor de la distancia al punto de referencia, se forma un triángulo con base a la primera línea de referencia, tomando como vértices de la base las dos estacas marcadas. La línea perpendicular se formará uniendo el punto de referencia con el vértice opuesto a la base.

Realizando la misma operación en el otro extremo, se consigue otra línea perpendicular a la de referencia o base. Posteriormente, con la ayuda de la cinta métrica y las estacas se marcarán sobre ambas líneas perpendiculares el sitio donde se plantarán los árboles. Por último, se unen con cuerdas cada uno de los puntos marcados con estacas, tanto de la línea de referencia como de ambas perpendiculares, de modo que cada intersección se marcará con una estaca, con lo que al final se tendrá una especie de retícula sobre el terreno al finalizar la operación.

Importante

En el replanteo de una plantación a marco real, tanto la línea base como las perpendiculares, las cañas deben ir a la misma distancia. En el caso de marcos rectangulares, las cañas de la línea base deben tener distinta distancia a las marcadas sobre las líneas perpendiculares.

En el caso de replanteo de una plantación a tresbolillo no es necesario trazar las líneas perpendiculares, a partir de la línea base marcada ya con cañas, se van dibujando triángulos equiláteros con un par de cuerdas. El procedimiento a seguir sería unir una primera cuerda que parte de una caña de la línea base con una segunda cuerda que parte de la siguiente caña dentro de la misma línea base. El punto de intersección de ambas cuerdas (vértice del triángulo) marcará el lugar donde debe ir un árbol plantado, previamente señalado por una estaca. Por tanto, se trata de encontrar el punto medio entre dos puntos, desplazada la distancia que separa dos filas. Una vez se hayan obtenido varias filas se pueden alagar los lados de cada triángulo para acelerar el replanteo.

Si se pretende realizar un marco al cinco de oros, se traza mediante cuerdas dos diagonales a través de un cuadrado compuesto por cuatro árboles y en cuya intersección se añade un quinto árbol. Este mismo proceso se repite en toda la parcela.

El replanteo de plantaciones distribuidas en el terreno según curvas de nivel, se empieza trazando la alineación base en la dirección de la línea de máxima pendiente, y dividiéndola según la distancia entre filas que se tome. A continuación, en cada división se sitúa una pata del potro de marqueo, y la otra pata en el lugar donde los niveles permanezcan equilibrados. De esta forma se van completando las filas pertenecientes a la misma cota.

Importante

En el caso de que la distancia entre dos curvas de nivel consecutivas sea demasiado grande (por ejemplo el doble que la anchura entre calles) se debe intercalar una nueva fila por el punto medio entre las dos curvas de nivel. Por el contrario, si dos curvas consecutivas se aproximan en exceso, una de ellas se deja de trazar para evitar la convergencia.

Está claro que en este tipo de replanteo no queda una distribución homogénea ni geométrica, pero se optimiza la superficie de la plantación, se minimiza la erosión, y se reducen los riesgos de accidentes por la mecanización de las labores.

Actividades

21. ¿El replanteo se puede realizar mediante un tractor que tiene incorporado un dispositivo GPS? ¿Y mediante una estación total de topografía?

6.3. Época de plantación

La época de plantación es un aspecto a tener en cuenta para la adaptación posterior del árbol frutal en el terreno de plantación. Además de la fecha de plantación, el éxito del arraigo del plantón en el terreno depende en cierto grado de la presentación y estado de la planta, y de las condiciones atmosféricas y del terreno.

La presentación de la planta más desfavorable es a raíz desnuda y en este caso el trasplante de la planta, ya sea perenne o caduca, durante la época de actividad vegetativa (cuando las hojas son fotosintéticamente activas) lo hace prácticamente imposible. Por tanto, el momento de la plantación debe coincidir con el periodo de reposo de las especies caducas que empieza con la caída de la hoja y termina con el engrosamiento de las yemas y posterior desarrollo de nuevas ramas y hojas.

 Definición

Plantas a raíz desnuda
Son aquellas que se extraen del terreno sin tierra vegetal y su sistema radicular se aprecia a simple vista. Las plantas que se presentan de esta forma suelen ser caducifolias y su manejo debe coincidir con su periodo de reposo vegetativo.

 Nota

Salvo casos excepcionales, las plantas perennes no se suelen presentar a "raíz desnuda", sino con cepellón o contenedor.

 Importante

En las condiciones climáticas de España, el periodo de reposo suele oscilar entre el mes de noviembre y marzo aproximadamente y con ciertas diferencias en función de zonas más cálidas o más frías.

En zonas de invierno más suaves se recomienda realizar la plantación en cuanto se produce la caída de la hoja y de esta forma se aprovecha la precipitación caída durante el invierno para favorecer el enraizamiento posterior. Si en estas condiciones, la plantación se realiza a finales de invierno se corre el riesgo de que la primavera sea temprana, cálida y seca, lo que se pondría en riesgo la adaptación de la planta a las nuevas condiciones. En zonas de clima frío alejadas de la costa, de inviernos largos y heladas frecuentes, si la plantación se realiza a finales de otoño existe una alta probabilidad de perjudicar al sistema radicular de la planta. Por tanto, con estas condiciones se recomienda realizar la plantación a finales de invierno. En estos casos se dispone de mayor tiempo para la preparación del terreno, pero por el contrario se dispone de menor tiempo para la plantación por la proximidad de la salida del reposo invernal.

Las condiciones meteorológicas durante la fase de plantación también pueden influir en la adaptabilidad de los plantones. Los días nublados, con cierta humedad y con temperaturas suaves son idóneos para efectuar la plantación, al contrario que días secos con bajas o altas temperaturas. Normalmente se debe programar la plantación, previniendo días de lluvia *a posteriori*.

En el caso de presentación de los plantones en cepellón o en contenedor, la plantación se puede realizar en cualquier fecha, evitando la época de brotación y floración, y los días calurosos de verano. En cualquier caso, los beneficios de plantar durante la etapa de reposo vegetativo en especies de hoja caduca son mucho mayores.

 Definición

Plantas en cepellón
Son aquellas que se extraen del terreno con su sistema radicular bajo una porción de tierra vegetal o sustrato.

Plantas en contenedor
Son aquellas que se presentan con su sistema radicular bajo una porción de tierra vegetal o sustrato y protegido mediante una maceta.

6.4. Preparación de los plantones para su plantación

Una vez efectuada la recepción del pedido de plantas sería aconsejable proceder a su plantación inmediatamente después de descargarla en el menor tiempo posible. No obstante, por diversos motivos como el elevado número de plantas recibidas, la hora de llegada del material vegetal, estado del terreno, etc., resulta prácticamente imposible. En estos casos e independientemente del sistema de presentación de la planta es obligatorio proteger a los plantones contra la desecación y las heladas hasta el momento de la plantación.

 Nota

A la llegada de los plantones del vivero conviene observar y comprobar la especie, estado sanitario, posibles daños, etc.

La forma más usual de protección de los plantones consiste en realizar una zanja y enterrarlos hasta cubrir suficientemente su sistema radicular mediante tierra suelta. Las plantas suelen disponerse inclinadas sobre el borde de la zanja y manteniendo cierta humedad en el terreno mediante ligeros riegos eventuales. Bajo estas condiciones, el material vegetal puede permanecer sin problemas durante varias semanas hasta completar la plantación.

 Nota

Cuando el material vegetal se presenta en cepellón o en maceta se suele aportar tierra sobre el sistema radicular sin realizar una zanja.

Sistema de conservación de los plantones

Nota

Una alternativa a la protección de los plantones mediante zanja y enterrado parcial es colocar los plantones dentro de un local, nave o almacén en unas condiciones aceptables.

Otra de las tareas recomendadas antes de emplazar los árboles a su lugar definitivo en el terreno de plantación es la realización de una poda ligera del sistema radicular, especialmente las presentadas a raíz desnuda, con el objetivo de equilibrar su sistema radicular y sanear las raíces dañadas.

Importante

Una poda excesiva del sistema radicular puede ocasionar un retraso en su desarrollo posterior e incluso la muerte de la planta.

En el caso también de plantones a raíz desnuda se puede optar por sumergir el sistema radicular recortado en una mezcla a base de agua y tierra, de manera que el fluido viscoso o barro se adhiera a las raíces. De esta forma se garantiza la hidratación y protección del tejido radicular, aumentando además las posibilidades de enraizamiento posterior.

Empiquetaje o trazado para su plantación

En el terreno de plantación no basta solo con señalar el punto donde debe ir cada plantón para establecer el marco y densidad previamente determinados, sino que además hay que señalar dónde irán cada una de las variedades, ya que lo normal es utilizar varias variedades de una misma especie frutal.

Por ejemplo, las variedades de la mayoría de las especies frutales, como el peral, manzano, cerezo, ciruelo, almendro, nogal, avellano y el aguacate son autoestériles, por lo que necesitan polen de otras variedades compatibles para que produzcan frutos. Por tanto, en estas especies frutales se deben elegir primero las variedades principales y, posteriormente, las variedades polinizadoras, y todo ello debe marcarse en el terreno de plantación.

Para una mayor facilidad en el manejo de la explotación es aconsejable que en la distribución de las distintas variedades se establezcan bloques uniformes dentro de la parcela. Si las variedades son autofértiles, cada variedad formará un bloque uniforme y separado de los demás y, colocadas, a ser posible, por orden de maduración. Si las variedades son autoestériles, cada grupo de variedad principal y polinizadores constituirá, asimismo, un bloque homogéneo.

Es importante señalar que la densidad de las variedades que aporten polen (variedades polinizadoras) a aquellas autoestériles, debe estar comprendida entre un 10 al 25 %, para asegurar una buena polinización. Dependiendo de la importancia comercial de las variedades polinizadoras y de la fertilidad de la variedad principal, existen varias alternativas de diseño.

Aplicación práctica

Usted es un técnico agrícola al que un agricultor le ha contratado para planificar y ejecutar una plantación de almendro que es un frutal autoestéril, es decir, necesita polen de otras variedades compatibles para que produzcan frutos. Resulta que además de la variedad principal, el agricultor le ha pedido que incluya dos variedades polinizadoras. La primera de ellas posee un valor comercial algo por debajo de la principal y la segunda apenas presenta interés comercial, por lo que se utiliza prácticamente para la producción de polen. ¿Qué proporción de variedades polinizadoras propondría sabiendo que en una parcela se utilizará la variedad principal y la primera variedad polinizadora y en otra se establecera la principal con la segunda variedad polinizadora?

SOLUCIÓN

En la primera parcela, al tener la variedad polinizadora cierto valor comercial, recomendaría un porcentaje de las mismas de un 20 % al 25 %, lo que supondría una proporción de 4:1 o 3:1 respectivamente. Además para facilitar la recolección se aconseja disponer filas completas de cada variedad para facilitar la recolección.

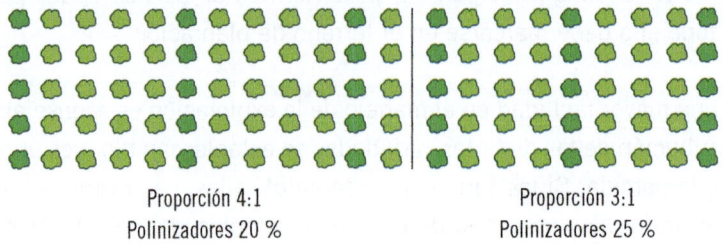

Proporción 4:1   Proporción 3:1
Polinizadores 20 %   Polinizadores 25 %

En la segunda parcela, la variedad polinizadora se planta casi exclusivamente para la producción de polen, por lo que reduciría la cantidad de esta a un porcentaje alrededor del 12 %, de forma que establecería un árbol polinizador cada tres filas y, dentro de ellas, cada tres árboles. El inconveniente de este diseño es que se dificulta la recolección.

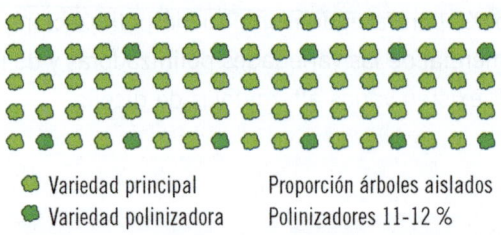

● Variedad principal   Proporción árboles aislados
● Variedad polinizadora   Polinizadores 11-12 %

6.5. Apertura de hoyos manual y mecánico

La etapa siguiente al replanteo del terreno de la plantación consiste en la apertura de hoyos de forma manual, o bien de forma mecánica. De un modo o de otro, conviene no demorar esta operación en el tiempo con respecto a la preparación previa del suelo (labor profunda y superficial) para beneficiarse de que el terreno está "suelto".

La apertura manual de los hoyos se suele emplear para pequeñas parcelas, en el caso de que los árboles tengan poco calibre y escaso sistema radicular, en la reposición de algunos árboles aislados o cuando por ciertas circunstancias no puedan emplearse medios mecánicos.

Las dimensiones del hoyo de plantación dependen del sistema radicular de la especie vegetal, y normalmente no suele hacerse más grande de medio metro de largo, e igual ancho y profundidad. Para ello, se suelen utilizar azadas de distintos tamaños y formas, palas rectas y, en algunos sitios, se usa el barrón cuando los árboles son pequeños.

 Nota

El barrón está constituido por un tubo metálico a modo de tornillo sinfín de un metro de longitud, que facilita su giro gracias a una empuñadura insertada en un disco en la parte superior. Por el reducido hoyo que realiza se emplea cuando la planta tiene poco tamaño.

Por las grandes extensiones de las explotaciones frutales, la apertura de los hoyos de plantación se realiza fundamentalmente de forma mecánica. Para la apertura mecánica de los hoyos se pueden emplear máquinas hoyadoras acopladas al tractor, cazos o cucharas retroexcavadoras acopladas a tractor o miniexcavadoras con cazos de menor tamaño.

Las máquinas hoyadoras se acoplan a los tres puntos del tractor del sistema hidráulico y están constituidas por un eje helicoidal en forma de taladro, terminado en una broca que gira gracias a la potencia transmitida por la toma de fuerza del tractor. El hoyo es iniciado por la broca y el eje helicoidal es el responsable de agrandar y vaciar el agujero de tierra que se va depositando alrededor del mismo. Si se ha practicado una labor profunda y superficial previamente, y las condiciones del terreno son adecuadas, estos aperos son los más recomendados. Sin embargo, en suelos pedregosos no realizan una buena labor, al igual que cuando se trabaja con suelos arenosos o arcillosos.

 **Importante**

En suelos arcillosos y con cierta humedad, las hoyadoras mecánicas compactan las paredes del hoyo por el rozamiento del eje helicoidal y crean un efecto llamado de "vaso". Este efecto origina que el agua depositada en el hoyo no se drene, por lo que se puede producir la asfixia del sistema radicular del árbol y el desarrollo del mismo por la compactación de las paredes del hoyo. En estos casos se recomienda romper la pared compacta mediante una azada o pala antes de la plantación de los árboles.

El uso de cazos o cucharas retroexcavadoras acopladas al tractor se emplean fundamentalmente cuando se requieren abrir hoyos de mayor dimensión y se utilizan marcos de plantación amplios. Los hoyos excavados con estos aperos pueden presentar paredes que se desmoronan fácilmente, o al contrario, paredes compactadas en la zona de trabajo de la cuchara. Además, es difícil conseguir homogeneidad respecto a la profundidad de todos los hoyos de la plantación.

 **Nota**

Con equipos como los cazos o cucharas retroexcavadoras acopladas al tractor se pueden abrir fácilmente hoyos de un metro cúbico.

Una alternativa a estos aperos son las máquinas autopropulsadas con cazos más pequeños que realizan hoyos de menor dimensión y que permiten trabajar en marcos de plantación más reducidos.

En plantaciones intensivas que se caracterizan por las pequeñas distancias que existen entre árboles dentro de cada fila, se opta a menudo por realizar una zanja a lo largo de la calle.

6.6. Realizar el proceso de plantación de los plantones

Una vez abierto el hoyo, bien por medios manuales o mecánicos, se procede a la colocación de los plantones en su interior y se continúa con el enterrado de su sistema radicular. La posición del árbol debe quedar recta y alineada conforme a la línea de plantación. Para ello, se puede utilizar la tabla de plantar, que es una especie de listón con tres muescas equidistantes. El centro de la tabla se coloca sobre la caña ya instalada previamente en el replanteo, y a continuación se añade una caña en cada marca de los extremos, y se procede a quitar la del centro. El hoyo de plantación se realiza en el espacio comprendido entre las dos cañas marcadas y el plantón se coloca finalmente en el sitio que marque la muesca central.

Si la planta está colocada correctamente alineada, se comienza a aportar poco a poco tierra desmenuzada superficialmente de las proximidades, de manera que no se incluyan piedras o terrones gruesos que puedan dañar a las raíces por un contacto directo. Conforme se va aportando tierra es conveniente realizar una ligera compactación sobre el hoyo de plantación. En el momento en que el plantón se sostenga por sí solo, se recomienda verificar la profundidad a la que queda el sistema radicular.

Nota

En terrenos encharcadizos o con una textura limosa o arcillosa, es recomendable aportar una capa de gravas o piedras en el fondo del hoyo de plantación para mejorar su drenaje. Esta capa de piedras no debe estar en contacto directo con las raíces.

Importante

Una profundidad insuficiente puede provocar en las raíces daños por bajas temperaturas, por la propia maquinaria, etc., desecación, y además puede originar una inclinación del tronco por no poder cumplir debidamente con su función de soporte.

En el caso de excederse en la profundidad de plantación se pueden originar problemas de asfixia radical, o incluso si la zona de unión entre variedad-patrón queda enterrada puede ocurrir que la variedad emita raíces con independencia del patrón. Este fenómeno se denomina en fruticultura como franqueamiento. Si se pretende evitar este proceso es recomendable que la zona de unión entre variedad-patrón permanezca a la misma altura que en el vivero de producción. Normalmente, esto es factible porque en el tallo del plantón suele aparecer un cambio de color que divide la parte del mismo que estaba por debajo y por encima del suelo.

Sabía que...

En algunas ocasiones, el fenómeno del franqueamiento es favorecido por el fruticultor cuando le interesa incrementar el vigor de los frutales.

Una vez que se verifica la profundidad a la que queda el plantón, el hoyo se rellena completamente y se realiza otra operación de compactación alrededor del tallo, asegurándose que la tierra de relleno cubra ligeramente unos centímetros de más del nivel de la superficie del suelo.

6.7. Cuidados posteriores a la plantación

El éxito del proceso de plantación y arraigo de los plantones en el terreno no se verifica hasta que finaliza su estado de reposo vegetativo y empieza la brotación de las hojas y ramas. Mientras tanto, y después de colocar la planta en el terreno, es conveniente realizar una serie de tareas complementarias para asegurar su adaptación al medio. La utilización de plantones jóvenes en la fruticultura actual está totalmente justificada por su mayor facilidad de enraizamiento y la posibilidad de guiarlo, según el sistema de formación elegido desde el principio. Todo esto conlleva un aumento del número de trasplantes con éxito y a una mayor rapidez de crecimiento del mismo.

Importante

Los árboles de un año de injerto o de vida en el caso de variedades sin necesidad de patrón como en el olivo, son los plantones de edad recomendable para su plantación, ya que en definitiva permiten adelantar la entrada en producción de dicha plantación.

Una vez colocado el árbol en el hoyo de plantación y tapado del mismo, se debe aplicar un primer riego, si no se prevén lluvias, con abundante agua para humedecer toda la zona del hoyo y las raíces. De esta forma también se consigue poner en contacto directo las raíces con la tierra, aunque no está de más realizar más tarde una pequeña labor de compactación para eliminar posibles huecos y bolsas de aire.

Efectuado el primer riego o cuando se pueda acceder al terreno después de una lluvia, se debe inspeccionar el estado de los árboles, corrigiendo posibles inclinaciones de troncos, árboles demasiado profundos o al contrario, compactando el perímetro del tronco, etc. Al mismo tiempo, en zonas de clima más cálido se puede optar por realizar un pequeño alcorque alrededor del tronco para favorecer la acumulación de agua, o efectuar un aporcado para proteger el cuello y raíces del árbol recién plantado en climas más fríos.

 Nota

Cuando el plantón se encuentre excesivamente enterrado es conveniente tirar hacia arriba de él unos centímetros. En caso contrario se debe añadir más tierra o incluso realizar un nuevo hoyo más profundo.

 **Definición**

Alcorque
Consiste en realizar un hoyo de escasa profundidad en el pie de los árboles para recoger el agua de lluvia o retener la de riego.

Aporcado
Consiste en cubrir con tierra el pie del árbol a través de un "montón de tierra".

Si no se ha efectuado con anterioridad en el vivero, también es necesario comenzar a guiar el futuro desarrollo del árbol con una ligera poda de formación mediante un podador cualificado e independientemente de la forma elegida.

En zonas de alta radiación solar, a veces puede resultar imprescindible el uso de láminas protectoras de aluminio en los troncos para evitar quemaduras durante el verano, si no están sombreados por las hojas. En otras ocasiones por la presencia de animales como los conejos, se deben instalar las mallas metálicas o de plástico que rodeen al tronco para su protección.

Sabía que...

Los conejos pueden causar la muerte de muchas plantaciones jóvenes al comer sus brotes jóvenes y roer la corteza de los troncos. Los daños los pueden ocasionar en cualquier época del año, pero es en los meses de frío cuando su alimento natural es escaso, pueden ser más importantes.

Otra operación que normalmente siempre es necesaria es la reposición de marras (plantones muertos) que consiste en reemplazar los plantones que no sobreviven al trasplante por otros nuevos. Después de realizar el proceso de plantación es usual encontrarse con un porcentaje del 2 al 4 % de marras por distintas causas, como puede ser un mal estado previo de las plantas, manejo inadecuado durante el transporte, conservación o plantación, por factores climáticos adversos, etc.

Es conveniente sustituir cuanto antes las plantas que no superan el trasplante, aunque a veces es complicado detectar anomalías en los árboles antes de la salida del reposo vegetativo. Puede ocurrir que una vez entrados en la primavera sea tarde para su reemplazamiento, y se tenga que esperar hasta el otoño o invierno siguiente. En este caso, los plantones nuevos serán un año más jóvenes, entrarían más tarde en producción, estarían dispersos dentro de la parcela y su manejo individualizado sería más complicado.

Nota

Una vez finalizado su etapa de reposo, es posible que los plantones produzcan nuevos brotes gracias a sus reservas sin haber enraizado, y al cabo del tiempo morir.

Ante este problema es recomendable adquirir un número mayor de plantones que los que se necesita para la plantación y conservarlos en maceta con el objetivo de disponer de ellos en caso de necesidad. De esta manera se tienen plantas con la misma edad y preparadas para sustituir a las marras.

7. Estructuras de apoyo. Tutores

Las formas planas y algunos de los demás sistemas de formación intensivos necesitan estructuras de apoyo que sirvan de guiado y soporte del tronco y las ramas principales del árbol. En general, la instalación de estas estructuras debe realizarse inmediatamente después del replanteo y lógicamente antes de la plantación de los frutales.

Un sistema de soporte para plantaciones frutales suele estar constituido por una serie de postes, alambres y tensores. Los postes se distribuyen a cada extremo y entre medias de cada fila. Los situados al principio y al final de cada fila deben ir reforzados y anclados con hormigón; los postes intermedios se recomiendan que vayan también anclados, y separados una distancia no superior a 25 m a lo largo de la fila. Una vez instalados los postes, se realiza el tendido del alambre de unos 3 mm de diámetro y la colocación de tensores en los postes terminales.

Estructura de apoyo en una plantación frutal

Nota

Los postes de las estructuras de soporte suelen ser de hierro, aunque también se pueden emplear postes de hormigón o madera.

Nota

El tendido de los alambres se puede realizar progresivamente si son necesarias varias líneas de alambre a distinta altura. La línea inferior será la primera para soporte de las primeras ramificaciones.

En los sistemas de formación que no requieran estructuras a modo de empalizada, es conveniente la instalación de postes o tutores que sujeten a los plantones y mantengan rectos a los troncos. Lo usual es utilizar tutores de madera acabados en punta clavados junto al tronco y de una dimensión suficiente para sujetar y evitar la inclinación del árbol. Para la atadura del tutor al tronco se suelen utilizar de plástico o de goma y colocadas en forma de "8" para evitar estrangular al tronco.

Tutores y mallas protectoras en una plantación frutal recién instalada

8. Preparación, regulación y mantenimiento de maquinaria y aperos empleados en la plantación

En función del calibre de los plantones, las herramientas utilizadas para la apertura del hoyo de plantación serán distintas. En el caso de pequeños plantones donde el hoyo de plantación no es necesario que sea de grandes dimensiones, se pueden emplear azadas de distintos tamaños y formas, o incluso palas rectas.

En estas herramientas, el mango de madera debe estar en buenas condiciones para que la cuchilla metálica quede fija a la misma y se pueda trabajar cómodamente con ella. Además, el filo de la cuchilla debe tener un perfil uniforme y proteger de la humedad, tanto la cuchilla como el mango de madera para evitar la oxidación en el primer caso, y la podredumbre en el segundo. En el caso de realizar la plantación de forma mecánica, el tractor es el primero que debe estar en buenas condiciones al igual que los aperos que se acoplan al mismo. Si la herramienta a utilizar para abrir los hoyos es una hoyadora, se debe verificar el estado de la punta o broca, que es la parte de la misma responsable de romper el terreno y que está expuesta a un mayor desgaste. Protegerlo de la oxidación y de su utilización en suelos muy pedregosos ayudará en su conservación. Asimismo, las hoyadoras son aperos que van acoplados al sistema hidráulico y provistos de un eje cardánico que se conecta a la toma de fuerza para su funcionamiento. El sistema hidráulico del tractor debe funcionar correctamente y debe supervisarse las conducciones para descartar fugas de aceite, ya que a la hora de abrir los hoyos, es necesario subir y bajar constantemente la altura de trabajo del apero mediante dicho sistema. También, es obligatorio revisar el eje cardan, comprobando que su sistema de protección no está deteriorado.

 Definición

Eje cardánico
Es un eje que se conecta a la toma de fuerza del tractor y que gira para transmitir energía al apero para su accionamiento.

Antes de proceder a la apertura de hoyos sobre las marcas señaladas en el replanteo, es conveniente hacer algunos hoyos de prueba para comprobar que el tamaño de la hoyadora es el adecuado para plantar posteriormente los árboles frutales, que el tipo de suelo es apto para trabajar con esta herramienta, ajustar la profundidad de los hoyos, etc.

El proceso de la plantación no consiste únicamente en la apertura del hoyo de plantación, sino que es necesario realizar otras operaciones que requieren otras herramientas o aperos. Por ejemplo, un remolque para trasladar los plantones o tierra vegetal para el tapado de los hoyos, tijeras de podar para cortar alguna rama, cisterna o cubeta para realizar el primer riego si no se dispone de sistema de riego, etc.

La preparación del remolque debe consistir en revisar su sistema de acople al tractor, las ruedas estén con una presión de inflado adecuado, los cierres de las compuertas deben estar en buenas condiciones y su dimensión debe ser suficiente para transportar la tierra vegetal o incluso los plantones. Las tijeras de podar deben estar afiladas y deben tener un tamaño adecuado en función del grosor de la rama a cortar. En cuanto a la cisterna o cubeta, debe asegurarse que no tiene ningún orificio por donde pueda perder líquido, al igual que la manguera para llegar a las proximidades de la planta. Si la cubeta dispone de bomba para la salida de agua debe comprobarse su funcionaminto antes de llegar al lugar de plantación.

9. Resumen

Una vez elegida la especie frutal y preparado el suelo es necesario proceder a la plantación de la misma. El proceso de la plantación engloba una serie de tareas necesarias para proporcionar unas condiciones idóneas a los árboles de manera que estos superen con éxito el trasplante y se consiga el mayor número de arraigos posibles. Estas tareas consisten en realizar el replanteo y la señalización de los árboles en el terreno, en la apertura de los hoyos, instalación de estructuras de soporte o tutores, colocación de los árboles en los hoyos y otras operaciones necesarias para mantener un correcto estado de los mismos.

Junto a estas operaciones, previamente se debe saber qué sistema de plantación se adopta, la separación entre filas y entre árboles, la densidad de la plantación, etc. Además, todas las tareas no finalizan con la colocación de la planta en el hoyo de plantación. Después de su colocación es conveniente realizar una serie de tareas complementarias para asegurar su adaptación al medio, como puede ser la aplicación de un primer riego, inspeccionar el estado de los árboles, corrigiendo posibles inclinaciones de troncos, árboles demasiado profundos, reemplazar plantones, etc.

Ejercicios de repaso y autoevaluación

1. Busque once nombres de especies frutales tratados en la teoría.

O	C	H	I	R	I	M	O	Y	O
R	A	G	U	A	C	A	T	E	A
E	G	L	E	A	N	O	G	A	L
H	B	I	B	K	U	O	U	A	M
C	G	O	A	C	O	Ñ	I	O	E
A	H	J	F	I	U	A	U	Z	N
T	K	N	I	R	H	T	O	E	D
S	L	A	E	U	J	S	I	R	R
I	Ñ	R	P	E	R	A	L	E	O
P	P	A	A	L	N	C	E	C	I
M	A	N	G	O	M	A	S	T	U

2. Complete la siguiente oración.

Después de la conclusión de los trabajos de _____ _____ a través de una labor profunda, además de enmiendas y abonos, y otras labores complementarias que dejan el suelo dispuesto para plantar, se debe efectuar el __ _____. Esta operación consiste en _____ el plano o croquis del diseño de la plantación directamente al terreno, señalando físicamente la _____ de cada árbol frutal.

3. **Complete la siguiente oración.**

El máximo _____ por superficie de una plantación está claro que no se logra durante los primeros _____, sino cuando los árboles están en su etapa
_____, y casi la totalidad de la superficie de la plantación queda ocupada,
sin existir _____ de nutrientes, agua, luz, etc.

4. **Clasifique los siguientes árboles frutales en función de su clase: de pepita, hueso,
agrios, frutos secos o subtropicales.**

   ▌ Aguacate:
   ▌ Melocotonero:
   ▌ Peral:
   ▌ Limonero:
   ▌ Pistachero:
   ▌ Ciruelo:
   ▌ Chirimoyo:
   ▌ Manzano:
   ▌ Almendro:
   ▌ Cerezo:
   ▌ Mandarino:
   ▌ Nogal:

5. **Dibuje esquemáticamente el marco de plantación cinco de oros.**

   _____
   _____
   _____
   _____

6. **Enumere tres características agronómicas y comerciales que deben reunir las variedades de las especies frutales.**

   _____
   _____
   _____
   _____

7. Exponga al menos cinco características que deben reunir los patrones.

---

8. Indique los principales factores físicos asociados al lugar de la plantación que pueden limitar el desarrollo de las raíces y al crecimiento posterior de los árboles.

---

9. La densidad de plantación, ¿a qué hace referencia? ¿Qué tres aspectos hay que tener presentes para su cálculo?

---

10. ¿Cómo se realiza el replanteo de plantaciones según curvas de nivel?

---

11. Indique a qué tipo de marco corresponde cada dibujo.

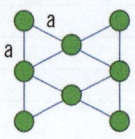 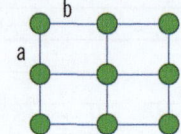 

_____

_____

12. Enumere al menos cinco sistemas de formación que pueden adoptar las especies frutales.

_____

_____

_____

_____

13. ¿Qué elementos básicos se utilizan normalmente en el replanteo de una explotación frutal?

_____

_____

14. ¿En qué consisten los cultivos intercalares?

_____

_____

_____

_____

15. ¿Qué inconvenientes presentan los cultivos intercalares?

_____

_____

_____

_____

Normativa básica relacionada con la preparación del terreno y la plantación de frutales

Contenido

1. Introducción

El recurso más importante dentro de cualquier empresa, incluida la agraria, es el capital humano. Por este motivo, la salud, la protección y el bienestar de los trabajadores deben ser los primeros objetivos que se deben alcanzar al emprender una actividad económica.

Si se quieren alcanzar estos objetivos lo primero que debe cumplirse es que el entorno laboral de las explotaciones agrarias sea seguro, al igual que las labores realizadas. Para ello, se deben seguir una serie de pautas que logren una gestión de la prevención adecuada y eficaz, reduciendo los riesgos laborales. El proceso de planificación de la prevención de riesgos laborales debe contemplar la identificación de riesgos de todos los puestos de trabajo e instalaciones; un análisis de riesgos o probabilidad de producirse un accidente y su gravedad; una evaluación o estimación de la magnitud de los riesgos que se han identificado y analizado; y por último, proponer actividades de prevención.

Además, la forma de trabajar en las explotaciones agrarias ha ido cambiando con los avances y desarrollo de las tecnologías, y a la vez se han modificado los problemas de salud asociados al trabajo agrario.

Los agricultores han pasado de estar sometidos especialmente a factores de riesgo para la salud de tipo físico (cambios climáticos, posturas forzadas, etc.) e infeccioso (gérmenes productores de tuberculosis, tétanos, brucelosis, tifus, etc.), a los que predominan en la actualidad, que son factores de riesgo de tipo mecánico (vibraciones, ruidos, accidentes con máquinas, etc.) y de tipo químico, derivados del uso de productos fitosanitarios.

2. Riesgos relacionados con la plantación

Los riesgos laborales asociados a la agricultura aparecen simplemente por las características intrínsecas relacionadas a este tipo de trabajo. El agricultor, al trabajar en la mayoría de las ocasiones al aire libre, queda expuesto a las condiciones climáticas (frío, calor, insolación, lluvia, etc.), que junto a las posturas forzadas, la duración de las labores y la urgencia de finalizarlas en poco tiempo agravan las condiciones de trabajo. Además, la utilización de diversa maquinaria, principalmente el tractor con los distintos aperos, y el uso de productos químicos (abonos y fitosanitarios), elevan el riesgo de ocasionar accidentes en el sector agrario.

Definición

Riesgo laboral
Es cualquier posibilidad de que un trabajador tenga problemas de seguridad o de salud derivados del trabajo que realiza.

Por estas razones, es necesario insistir en la importancia que, desde el punto de vista sanitario, tienen las tareas agrícolas y la forma de realizarlas. Sus repercusiones, tanto positivas como negativas, no solo afectan a los agricultores, sino también al resto de la población; todos ellos, consumidores de productos agrícolas y que comparten el mismo ambiente.

Todos estos riesgos deben motivar un cambio de actitud en todo el sector que permita desarrollar un mayor conocimiento y preocupación por una cultura preventiva y de seguridad. La salud laboral, la reducción de la siniestralidad laboral y la prevención de los riesgos derivados del trabajo deben ser cuestiones prioritarias. Por tanto, es importante no solo mejorar los hábitos de trabajo de forma que sean saludables y seguros, sino también los conocimientos en seguridad y salud en el trabajo.

2.1. Riesgos asociados al manejo del tractor y aperos acoplados

El tractor hoy en día es una máquina o herramienta imprescindible en la agricultura por utilizarse en la mayoría de las tareas agrícolas. Sin embargo, un porcentaje muy alto de los accidentes en el sector agrario derivan de su utilización. Por ello, es importante conocer los riesgos relacionados con su manejo para reducir la siniestralidad por esta causa. En trabajos de plantación, el tractor con su respectivo apero acoplado se utiliza fundamentalmente para la preparación del suelo (labores profundas y superficiales), aporte de abonos, apertura mecánica de hoyos de plantación, transporte de plantones, etc.

El principal riesgo de accidentes por el empleo de los tractores en el sector agrario surge fundamentalmente por la posibilidad de vuelco del mismo, que puede ser lateral o trasero.

El vuelco lateral se origina cuando al trazar una línea perpendicular al suelo, pasando por el centro de gravedad del tractor, se proyecta fuera del espacio comprendido entre las ruedas (proyección normal). Existen varios factores que influyen en la estabilidad del tractor, como puede ser la pendiente del terreno, separación de las ruedas laterales, altura del tractor y la posición del centro de gravedad que dependerá de las dimensiones y distribución del peso del tractor.

Centro de gravedad y proyección normal del tractor

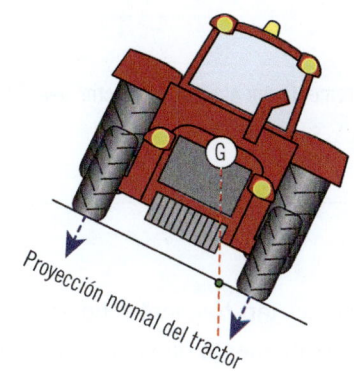

AZ Definición

Centro de gravedad del tractor
Es el punto por el que si se suspendiese al tractor en el aire y se sujetara mediante una cuerda, este se mantendría estable.

Importante

Cuanto mayor es la pendiente del terreno, menor la separación de las ruedas y mayor altura del centro de gravedad, la probabilidad de que se produzca el vuelco del tractor aumenta.

Además de estos factores, la fuerza centrífuga juega un papel importante, ya que cuando el tractor transita a cierta velocidad, y se gira bruscamente el volante para salvar un obstáculo o por una curva cerrada, puede originarse el vuelco.

Nota

La fuerza centrífuga se incrementa por el peso del tractor, velocidad y al disminuir el radio de las curvas trazadas.

El vuelco trasero, al no ser tan frecuente, no es menos importante, y consiste básicamente en el levantamiento de la parte frontal del tractor y posterior vuelco hacia atrás. Esto puede producirse cuando el peso de la parte trasera no es suficiente para hacer avanzar el tractor y la fuerza del motor se utiliza para levantar la parte delantera del mismo. Este tipo de vuelco puede deberse a una aceleración fuerte, subiendo un terreno con cierta pendiente, al soltar bruscamente el pedal del embrague del tractor cuando las ruedas motrices traseras no pueden rodar (por ejemplo, al encontrar un obstáculo), al pisar fuertemente el pedal del freno en pendiente y el tractor se mueve hacia atrás por algún motivo, etc.

Otro factor que ayuda a que se produzcan mayores accidentes en la agricultura es la necesidad de acoplar distintos aperos al tractor para cada una de las tareas agrícolas, incluida la de preparación del suelo y todos los trabajos relacionados con la plantación de especies frutales.

Por ejemplo, el vuelco del tractor, fundamentalmente hacia atrás, se ve favorecido por la presencia de aperos que modifican la distribución de pesos, que provocan en definitiva, la alteración de la posición del centro de gravedad del tractor. Al llevar acoplado un apero en la parte posterior del tractor, aumenta la resistencia al avance del tractor y las ruedas traseras ejercen una fuerza contra el suelo importante. De esta forma, en terrenos con pendientes existe una alta probabilidad de producirse levantamientos y vuelcos de la parte frontal del tractor.

 Nota

Cuanto mayor sea la altura de acople del apero al tractor, mayor riesgo de vuelco existe.

Con el fin de reducir el riesgo por vuelco, es preciso lastrar convenientemente el tractor mediante la incorporación de peso en la parte delantera o por medio de neumáticos inflados con agua. Además, se recomienda entre otras medidas de precaución, subir las cuestas importantes marcha atrás y bajarlas hacia adelante con el freno motor para limitar la velocidad. En situaciones de vuelco, es importante que el tractor disponga de una estructura de seguridad para proteger al operario.

 Actividades

1. ¿Qué función tienen los pórticos y cabinas de seguridad en los tractores?

Actividades

2. ¿Qué tractores son más estables en terrenos con una pendiente considerable, los de neumáticos o los de cadenas? ¿Por qué?

3. ¿Los tractores están obligados a pasar la Inspección Técnica de Vehículos (ITV)?

4. La mayoría de los tractores disponen de un sistema de frenos que permite activar únicamente el freno sobre las ruedas de la parte izquierda o derecha del tractor, o de todas las ruedas. ¿Es aconsejable el frenado por separado cuando se circula a cierta velocidad?

Otras operaciones relacionadas con la preparación del suelo y plantación que pueden originar accidentes son el manejo de los aperos, es decir, un mal manejo de los mismos pueden producir lumbalgias, aplastamientos, atrapamientos, atropellos, etc.

Concretamente las operaciones que requieren un cuidado especial son el enganche y desenganche de los aperos, además de su empleo durante la jornada de trabajo y los desplazamientos entre la nave y el terreno de plantación. Al enganchar un apero, la maniobra de aproximación, que suele ser marcha atrás, la debe realizar el tractor lentamente.

Si no se dispone de enganches automáticos es conveniente parar el motor y accionar el freno de mano antes de proceder a enganchar la máquina. Si en la operación de acoplamiento interviene una segunda persona, debe indicarle desde una posición segura para evitar atropellos u otros accidentes, y nunca poner las manos en la zona de enganche durante la operación. También es recomendable calzar los aperos cuando se proceda al enganche o desenganche del mismo, sobre todo en terrenos con cierto desnivel.

Nota

Los tractores pueden disponer de enganches automáticos o manuales. Los automáticos son enganches rápidos que facilitan la operación y son más seguros para el operario.

 Importante

Si es necesario levantar un apero pesado es conveniente utilizar un "gato hidráulico" con el fin de evitar lesiones por una sobrecarga.

Con respecto al trabajo en el terreno de plantación deben utilizarse aperos adecuados a la potencia del tractor, y al realizar cualquier ajuste en máquinas acopladas al sistema hidráulico, conviene bajarla lo máximo posible y parar completamente el tractor. En el caso de aperos arrastrados, se recomienda engancharlos en el punto más bajo posible del tractor.

Cuando la pendiente del terreno obligue a trabajar siguiendo las curvas de nivel, se deben evitar depresiones en el lado más bajo y obstáculos en el lado superior del tractor por existir riesgo de vuelco.

 Actividades

5. ¿En qué consiste la maniobra conocida como "cola de golondrina"?
6. Para la prevención de caídas, al subir o bajar del tractor, ¿qué medidas de protección adoptaría?

Durante los desplazamientos y cuando se trabaje en la parcela es importante que no existan personas en las inmediaciones. Además, es preciso comprobar primero que el tractor posee estabilidad longitudinal al acoplar máquinas, sobre todo cuando van enganchas al sistema hidráulico (suspendidas) para reducir el riesgo de levantamiento de la parte frontal. Si la dirección del volante está muy ligera, indica una falta de estabilidad longitudinal. En los desplazamientos con aperos suspendidos debe situarse la máquina lo más baja posible, lo necesario para no tocar el suelo y permitir el bloqueo hidráulico si el tractor dispone de ello.

 Nota

Se debe prestar especial cuidado al manejar los arados de vertedera, ya que al pasar de la posición de trabajo a otra simétrica, cualquiera de sus elementos al girar pueden golpear con fuerza y causar graves lesiones a personas próximas.

 Importante

Para el funcionamiento de muchos aperos, como por ejemplo los rotocultores (fresadoras), es necesario conectarlos a la toma de fuerza del tractor mediante un eje de transmisión. Este eje (eje cardan) gira a bastantes revoluciones y es obligatorio que esté protegido por una carcasa plástica inmóvil.

Existen más riesgos asociados al manejo de tractores. A continuación, se describen algunos de ellos:

- Riesgo por atrapamiento con el eje cardan.
- Riesgo de exposición a contaminantes como los gases de escape de los tractores que contienen óxidos de carbono, cuando se mantiene el motor en marcha durante cierto tiempo en un recinto cerrado.

- Riesgo de proyección de fragmentos o partículas durante el trabajo de los tractores en la explotación.
- Riesgo de caída del operario al subir o bajar del tractor por no llevar calzado antideslizamiento, por estar sucias las suelas, no disponer de asideros para ayudarse, etc.
- Riesgo de atropello por no visualizar a personas próximas al tractor o autoatropello en el caso de no inmovilizar correctamente el tractor.
- Riesgo de ruidos por no disponer de una cabina insonorizadas y de vibraciones si los asientos no poseen una suspensión adecuada que amortigüen los movimientos del tractor.
- Riesgo eléctrico provocado por el roce del tractor o algún apero con cables de alta tensión.

Además de los riesgos asociados al manejo del tractor y de los distintos aperos, también son importantes otros riesgos derivados del levantamiento de peso y su transporte (sacos de abono o incluso árboles para su plantación, etc.), de contaminantes físicos, químicos o biológicos.

 Aplicación práctica

Suponga que es un técnico en prevención de riesgos laborales y observa el siguiente comportamiento de un agricultor:

- Disponiendo de un tractor de neumáticos y otro de cadenas, utiliza el primero para trabajar en terrenos con pendientes acusadas.
- Lleva acoplado un apero que necesita acoplarse a la toma de fuerza y cuyo eje de transmisión gira al aire libre.
- Al subir cuestas con gran pendiente lo hace con el tractor hacia delante.
- Cuando acelera después de estar parado se levanta ligeramente la parte delantera del tractor.

¿Actúa correctamente el agricultor en cada caso? Proponga alguna medida si considera que actúa de forma incorrecta en algún caso.

Continúa en página siguiente >>

<< Viene de página anterior

SOLUCIÓN

El agricultor no actúa correctamente en ningún caso. Es preferible utilizar tractores de
cadenas en terrenos con pendiente al ser más estables en esas condiciones. El eje de
transmisión (eje cardan) debe estar protegido por una carcasa plástica inmóvil por existir
una alta probabilidad de atrapamiento. Para subir cuestas de gran pendiente se recomienda
hacerlo marcha atrás para evitar el vuelco hacia atrás del tractor. Asimismo, es conveniente
lastrar el tractor, añadiendo peso en la parte delantera del tractor.

3. Normativa de prevención de riesgos laborales

Las condiciones laborales influyen de manera determinante en la salud físi-
ca y psicológica de los trabajadores. Para evitar que la salud de los empleados
quede mermada por las condiciones del trabajo se desarrolla la Prevención de
Riesgos Laborales.

La Prevención de Riesgos Laborales contribuye a aumentar la eficacia y el
rendimiento de la empresa, disminuyendo la incidencia de accidentes y enfermedades laborales. Todo esto repercute también en beneficios económicos, al
reducirse los accidentes, aumentar la productividad y el grado de bienestar y
satisfacción de los trabajadores.

Importante

En el ordenamiento jurídico español la Ley 31/1995, de 8 de noviembre, de Prevención de
Riesgos Laborales, determina el cuerpo básico de garantías y responsabilidades precisas
para establecer un adecuado nivel de protección de la salud de los trabajadores frente a
los riesgos derivados de las condiciones de trabajo.

La **Ley de Prevención de Riesgos Laborales** nace con dos principales objetivos: mejorar las condiciones de trabajo, fomentando la información y formación sobre riesgos laborales, y promover la seguridad y salud mediante la aplicación de medidas y actividades necesarias para la prevención de los riesgos derivados del trabajo.

En el sector agrario existen unos riesgos generales comunes a otras actividades y otros específicos de las explotaciones agrícolas. Ambos tipos de riesgos se resumen en la siguiente tabla.

RIESGOS GENERALES
Riesgos eléctricos.
Riesgos de incendio.
Riesgos asociados al manejo de cargas.
Riesgos higiénicos por contaminantes físicos (ruido, vibraciones y temperatura), por contaminantes químicos (plaguicidas y fertilizantes) y contaminantes biológicos (alergias, contagios, etc.).
Riesgos en el lugar de trabajo por golpes y caídas, desorden, suelos resbaladizos, materiales colocados fuera de su lugar, etc.
RIESGOS ESPECÍFICOS
Riesgos por utilización de tractores y aperos, equipos de fertilización, maquinaria de recolección, etc.

Tractor con cabina de seguridad

El establecimiento de medidas correctoras que reduzcan los riesgos laborables recae sobre el empresario. Concretamente los empresarios tienen las siguientes obligaciones reguladas en la normativa:

- Elaborar, implantar y aplicar un plan de prevención de riesgos laborales.
- Evaluar los riesgos que se dan en la empresa o puestos de trabajo e informar a los trabajadores sobre los mismos.
- Enseñar e informar a los trabajadores las medidas preventivas adoptadas.
- Proporcionar equipos de protección adecuados a los trabajadores y vigilar que se usen.
- Adoptar medidas en caso de emergencia e informar de ellas a los trabajadores.
- Proporcionar reconocimientos médicos a los trabajadores.

La Ley de Prevención de Riesgos Laborales no solo regula las obligaciones del empresario, también define las obligaciones y derechos de los trabajadores que se muestran en la siguiente tabla.

OBLIGACIONES DEL TRABAJADOR
Usar adecuadamente máquinas, herramientas, sustancias peligrosas y cualquier medio de trabajo, etc.
Utilizar los equipos de protección adecuados facilitados por la empresa.
No poner fuera de funcionamiento y utilizar correctamente los dispositivos de seguridad existentes o que se instalen en los medios relacionados con su actividad o en los lugares de trabajo en los que esta tenga lugar.
Informar de inmediato a su superior jerárquico directo, y a los trabajadores designados para realizar actividades de protección y de prevención o, en su caso, al servicio de prevención, acerca de cualquier situación que, a su juicio, entrañe, por motivos razonables, un riesgo para la seguridad y la salud de los trabajadores.
Contribuir al cumplimiento de las obligaciones establecidas por la autoridad competente, con el fin de proteger la seguridad y la salud de los trabajadores en el trabajo.
Cooperar con el empresario para que este pueda garantizar unas condiciones de trabajo que sean seguras y no entrañen riesgos para la seguridad y la salud de los trabajadores.

En materia preventiva, el principal derecho que tienen los trabajadores es la protección eficaz en materia de seguridad y salud en el trabajo. Los derechos de información, consulta y participación, formación en materia preventiva, paralización de la actividad en caso de riesgo grave e inminente y vigilancia de su estado de salud (reconocimientos médicos periódicos), forman parte del derecho de los trabajadores a una protección eficaz en materia de seguridad y salud en el trabajo.

 Sabía que...

El incumplimiento de las obligaciones en materia de prevención de riesgos laborales dará lugar a responsabilidades administrativas y, en su caso, a responsabilidades penales o civiles por los daños y perjuicios que puedan producirse.

Para poder elaborar y gestionar el Sistema de Prevención de Riesgos Laborales, la normativa permite elegir un modelo entre varias opciones, dependiendo del número de empleados de la empresa. En empresas agrarias con un máximo de 10 empleados, se pueden optar por los siguientes modelos:

- Asunción por el propio agricultor.
- Designación de trabajadores.
- Servicio de prevención ajeno.
- Combinaciones entre las tres modalidades anteriores.
- Servicio de prevención mancomunado.
- Servicio de prevención propio (no recomendado para pequeñas empresas).

Importante

La implementación de un Sistema de Prevención de Riesgos Laborales debe abarcar cuatro especialidades o disciplinas preventivas: Seguridad en el Trabajo, Higiene Industrial, Ergonomía y Psicosociología Aplicada y Medicina del Trabajo.

Aplicación práctica

Antonio es un agricultor que tiene un tractor de gran altura y la separación de las ruedas es pequeña. Además, la protección del eje cardan está en mal estado y tiene la costumbre de encender 30 min antes el motor del tractor para que se caliente, estando la nave-almacén con la puerta cerrada. Además, por su finca pasa una línea eléctrica de alta tensión.

¿A qué tipos de riesgos está expuesto Antonio?

Además, Antonio ha hecho un curso básico de prevención de riesgos laborales y tiene dos empleados. Con esta formación y números de empleados, ¿puede Antonio ser el responsable del Plan de Prevención de su plantación frutal? ¿Qué le sugiere que haga?

SOLUCIÓN

Antonio al disponer de un tractor de una altura considerable y anchura de las ruedas pequeña tiene más posibilidades de sufrir un vuelco lateral. Además, está expuesto, según los demás datos, a accidentes por atrapamiento con el eje cardan por su mal estado, a contaminantes como los gases de escape de los tractores (óxidos de carbono) al mantener el motor en marcha durante cierto tiempo en un recinto cerrado, y por accidente eléctrico provocado por el posible contacto del tractor o algún apero con los cables de alta tensión.

Respondiendo a la segunda pregunta, Antonio no puede asumir ser responsable del Plan de Prevención de su plantación frutal, ya que no dispone de la formación suficiente, por lo que puede derivar esta responsabilidad en algún empleado que posea el título de técnico en prevención de riesgos laborales, contratar este servicio a una empresa o asociarse con otros agricultores para gestionar el Plan de prevención en las explotaciones.

Además de la Ley 31/1995, de 8 de noviembre, de Prevención de Riesgos Laborales, existen otras leyes que regulan la prevención de riesgos laborales en España:

- Real Decreto 2028/1986, de 6 de junio, por el que se dictan normas para la aplicación de determinadas directivas de la CEE, relativas a la homologación de tipos de vehículos automóviles, remolques y semirremolques, así como de partes y piezas de dichos vehículos.
- Real Decreto Legislativo 8/2015, de 30 de octubre, por el que se aprueba el texto refundido de la Ley General de la Seguridad Social.
- Real Decreto Legislativo 2/2015, de 23 de octubre, por el que se aprueba el texto refundido de la Ley del Estatuto de los Trabajadores.
- Real Decreto 485/1997, 14 de abril, sobre disposiciones mínimas en materia de señalización de seguridad y salud en el trabajo.
- Real Decreto 486/1997, de 14 de abril, por el que se establecen las disposiciones mínimas de seguridad y salud en los lugares de trabajo.
- Real Decreto 1215/1997, de 18 de julio, por el que se establecen las disposiciones mínimas de seguridad y salud para la utilización por los trabajadores de los equipos de trabajo.
- Real Decreto 374/2001, de 6 de abril, sobre la protección de la salud y seguridad de los trabajadores contra los riesgos relacionados con los agentes químicos durante el trabajo.
- Ley 54/2003, de 12 de diciembre, de reforma del marco normativo de la prevención de riesgos laborales.
- Real Decreto 1311/2005, de 4 de noviembre, sobre la protección de la salud y la seguridad de los trabajadores frente a los riesgos derivados o que puedan derivarse de la exposición a vibraciones mecánicas.
- Real Decreto 286/2006, de 10 de marzo, sobre la protección de la salud y la seguridad de los trabajadores contra los riesgos relacionados con la exposición al ruido.
- Real Decreto 1644/2008, de 10 de octubre, por el que se establecen las normas para la comercialización y puesta en servicio de las máquinas.
- Real Decreto 750/2010, de 4 de junio, por el que se regulan los procedimientos de homologación de vehículos de motor y sus remolques, máquinas autopropulsadas o remolcadas, vehículos agrícolas, así como de sistemas, partes y piezas de dichos vehículos.

■ Real Decreto 494/2012, de 9 de marzo, por el que se modifica el Real
Decreto 1644/2008, de 10 de octubre, por el que se establecen las
normas para la comercialización y puesta en servicio de las máquinas,
para incluir los riesgos de aplicación de plaguicidas.

Recuerde

El Instituto Nacional de Seguridad y Salud en el Trabajo (INSST) dispone de una página
web específica para el sector agrario donde podrá encontrar información relevante sobre
prevención de riesgos laborales de este sector.

4. Normativa medioambiental

La Unión Europea está promoviendo una cultura de protección del medio ambiente en todos los países comunitarios a través de diversas Directivas
orientadas en este sentido. Los Estados miembros están obligados a incorporar
a su propia legislación esta normativa en un determinado plazo de tiempo. En
España, las distintas Directivas relacionadas con varios ámbitos, como son la
protección de la calidad del aire y el agua, la conservación de los recursos y de
la biodiversidad, etc., se han transpuesto a través de varias normativas.

La legislación más importante relacionada con el medio ambiente y que
afectan al sector agrario es la siguiente:

■ Real Decreto 1310/1990, de 29 de octubre, por el que se regula la utilización de los lodos de depuración en el sector agrario.
■ Real Decreto 1997/1995, de 7 de diciembre, por el que se establecen
medidas para contribuir a garantizar la biodiversidad mediante la conservación de los hábitats naturales y de la fauna y flora silvestres.
■ Real Decreto 47/2022, de 18 de enero, sobre protección de las aguas
contra la contaminación difusa producida por los nitratos procedentes
de fuentes agrarias.

- Modificación del texto refundido de la Ley de Aguas, aprobado por Real Decreto Legislativo 1/2001, de 20 de julio, por la que se incorpora al derecho español, la Directiva 2000/60/CE, por la que se establece un marco comunitario de actuación en el ámbito de la política de aguas.

- La trasposición de la Directiva 2000/60/CE en España se realizó mediante la Ley 62/2003, de 30 de diciembre, de medidas fiscales, administrativas y del orden social que incluye, en su artículo 129, la modificación del texto refundido de la Ley de Aguas, aprobado por Real Decreto Legislativo 1/2001, de 20 de julio.

- Ley 43/2002, de 20 de noviembre, de sanidad vegetal.

- Real Decreto 888/2006, de 21 de julio, por el que se aprueba el Reglamento sobre almacenamiento de fertilizantes a base de nitrato amónico con un contenido en nitrógeno igual o inferior al 28% en masa.

- Ley 42/2007, de 13 de diciembre, del Patrimonio Natural y de la Biodiversidad.

- Ley 7/2022, de 8 de abril, de residuos y suelos contaminados para una economía circular.

- Real Decreto 1702/2011, de 18 de noviembre, de inspecciones periódicas de los equipos de aplicación de productos fitosanitarios.

Actividades

7. ¿Qué normativa relativa al medioambiente eliminaría? ¿Añadiría alguna más? ¿Cuál?
8. ¿Cuál es el título del artículo 129 de la Ley 62/2003, de 30 de diciembre, de medidas fiscales, administrativas y del orden social?

5. Resumen

Al desarrollar un trabajo, todo empleado está expuesto a una serie de riesgos. En el sector agrario, el trabajador está expuesto a riesgos eléctricos, incendios, por el manejo de cargas, por contaminantes físicos (ruido, vibraciones y temperatura), químicos (plaguicidas y fertilizantes) o biológicos (alergias, contagios, etc.) así como a riesgos por utilización de tractores y aperos, equipos de fertilización, maquinaria de recolección, etc.

La Ley 31/1995, de 8 de noviembre, de Prevención de Riesgos Laborales, determina el cuerpo básico de garantías y responsabilidades precisas para establecer un adecuado nivel de protección de la salud de los trabajadores frente a los riesgos derivados de las condiciones de trabajo. Esta ley establece los deberes de los empresarios en materia de prevención, derechos y obligaciones de los trabajadores, modelos para elaborar y gestionar el Sistema de Prevención de Riesgos Laborales, etc.

La actividad agrícola al desarrollarse en el medio rural y aprovecharse de los recursos naturales también debe cumplir con una serie de normativas que pretenden proteger y conservar el medio ambiente.

Ejercicios de repaso y autoevaluación

1. Busque siete tipos de riesgos laborales en la actividad agraria.

A	L	I	B	C	V	U	M	U	E
S	E	N	J	O	I	R	I	N	I
E	S	C	L	I	B	U	T	R	A
E	L	E	C	T	R	I	C	O	S
L	A	N	J	R	A	D	I	L	U
C	G	D	A	Y	C	O	L	E	R
I	K	I	C	A	I	D	A	S	I
O	J	O	H	N	O	O	T	R	G
M	H	E	F	A	N	H	O	F	A
E	G	O	L	P	E	S	F	U	S
C	A	R	G	A	S	A	P	E	R

2. Complete la siguiente oración.

El _____ se origina cuando al trazar una línea perpendicular al suelo, pasando por el centro de gravedad del tractor, se proyecta fuera de su proyección normal. Existen varios factores que influyen en la _____ del tractor, como pueden ser: la _____del terreno, _____ de las ruedas laterales, _____ del tractor y la _____ del centro de grave-dad, que dependerá de las dimensiones y distribución del peso del tractor.

3. Complete la siguiente oración.

La Ley de Prevención de Riesgos Laborales nace con dos principales objetivos: _____ las condiciones de trabajo, fomentando la información y _____ sobre riesgos laborales, y promover la seguridad y _____ mediante la aplicación de medidas y actividades necesarias para la prevención de los riesgos derivados del trabajo.

4. ¿Qué Real Decreto de los siguientes regula los procedimientos de homologación de vehículos de motor y sus remolques, máquinas autopropulsadas o remolcadas, vehículos agrícolas, así como de sistemas, partes y piezas de dichos vehículos?

   a. Real Decreto 1644/2008, de 10 de octubre.
   b. Real Decreto 750/2010, de 4 de junio.
   c. Real Decreto 494/2012, de 9 de marzo.

5. ¿Qué Real Decreto de los siguientes regula las inspecciones periódicas de los equipos de aplicación de productos fitosanitarios?

   a. Real Decreto 47/2022, de 18 de enero.
   b. Real Decreto 888/2006, de 21 de julio.
   c. Real Decreto 1702/2011, de 18 de noviembre.

6. Cite al menos cuatro obligaciones de los empresarios en materia de prevención de riesgos laborales.

_____

_____

_____

_____

7. Cite al menos tres obligaciones de los trabajadores agrarios en materia de prevención de riesgos laborales.

_____

_____

_____

_____

8. La implementación de un Sistema de Prevención de Riesgos Laborales debe abarcar cuatro especialidades, ¿cuáles son?

_____

_____

_____

_____

9. Para elaborar y gestionar el Sistema de Prevención de Riesgos Laborales, la empresa puede recurrir a varias opciones. Indique cuáles son esas opciones.

_____

_____

_____

_____

10. Indique seis situaciones de riesgo que pueden originarse durante el manejo del tractor.

_____

_____

_____

_____

11. Al proceder al enganche del apero...

   a. ... no es necesario tomar ninguna precaución, salvo con el eje cardánico.
   b. ... la maniobra de aproximación, que suele ser marcha atrás, la debe realizar el tractor lentamente.
   c. ... se calzará el tractor para evitar atropellos.
   d. Todas las opciones son incorrectas.

12. Señale la opción correcta.

   a. Cuanto mayor es la separación de las ruedas, mayor es la probabilidad de que se produzca el vuelco del tractor.
   b. Cuanto menor es la altura del tractor, mayor es la probabilidad de que se produzca el vuelco del tractor.

    c. Cuanto mayor es la separación de las ruedas, menor es la probabilidad de
que se produzca el vuelco del tractor.

    d. Todas las opciones son incorrectas.

13. ¿De qué manera puede afectar la fuerza centrífuga al vuelco del tractor?

_____

_____

_____

_____

14. Entre los riesgos generales y específicos del sector agrario, cite cuatro ejemplos.

_____

_____

_____

_____

15. ¿Por qué el eje cardan de los aperos debe estar protegido?

_____

_____

_____

_____

Bibliografía

Monografías

❚ AGUSTÍ, M.: *Fruticultura*. Madrid: Libros Mundi-Prensa, 2010.

❚ CAMBRA RUIZ De Velasco, M.: *Diseños de plantación y formación de árboles fruta-les*. [S. l.]: Consejo Superior de Investigaciones Científicas, 2004.

❚ DAL-RÉ Terneiro, R.: *Caminos Rurales. Proyecto y construcción*. Madrid: Libros Mun-di-Prensa, 2001.

❚ FELIPE Antonio, J.: *Patrones para frutales de pepita y hueso*. Ediciones [S. l.]: Téc-nicas Europeas, 1989.

❚ FERNÁNDEZ Escobar, R.: *Planificación y diseño de plantaciones frutales*. Madrid: Libros Mundi-Prensa, 1996.

❚ FERNÁNDEZ Rodríguez, E.: *Manual práctico de fertirrigación en riego por goteo: sistemática de resolución*. [S. l.]: Ediciones Agrotécnicas, 2008.

❚ FUENTES Yagüe, J.: *Construcciones para la agricultura y la ganadería*. Ministerio de Agricultura, Pesca y Alimentación, 1992.

❚ GIL-ALBERT Velarde, F.: *Tratado de arboricultura frutal Vol. III: Técnicas de planta-ción de especies frutales*. Madrid: Libros Mundi-Prensa, 1999.

❚ LUNA Sánchez, L.: *Instalaciones eléctricas de baja tensión en el sector agrario y agroalimentario*. Madrid: Libros Mundi-Prensa, 2008.

I MERINO Merino, D.: *Cortavientos en agricultura*. Madrid: Libros Mundi-Prensa, 1991.

I ORTIZ-CAÑAVATE, J.: *Las máquinas agrícolas y su aplicación*. Madrid: Libros Mundi-Prensa, 2012.

I PALOMINO Velásquez, K.: *Riego por bombeo y drenaje*. [S. l.]: Starbook, 2009.

I PALOMINO Velásquez, K.: *Riego por goteo*. [S. l.]: Starbook, 2009.

I PIZARRO Cabello, F.: *Drenaje agrícola y recuperación de suelos salinos*. [S. l.]: Editorial Agrícola española, 1985.

I STUYT, L. C. P. M.: *Materiales para sistemas de drenaje subterráneo*. Roma: Organización de las Naciones Unidas para la Agricultura y la Alimentación, 2009.

Textos electrónicos, bases de datos y programas informáticos

I Instituto Nacional de Seguridad y Salud en el Trabajo, de: <https://www.insst.es/>.

I Ministerio de Agricultura, Pesca y Alimentación, de: <https://www.mapa.gob.es/es/>.

I Ministerio para la Transición Ecológica y Reto Demográfico, de: <https://www.miteco.gob.es>.